高等职业教育产教融合特色系列教材

典型零件数控铣床加工技术

——UG 编程 Vericut 仿真

主　编　柳　琳　姜云宽
参　编　历建波

北京理工大学出版社
BEIJING INSTITUTE OF TECHNOLOGY PRESS

内容简介

本书是以实际案例为基础的专业书籍，系统地讲解了数控铣床加工工艺流程。本书采用项目式编写结合仿真软件的方法，全面呈现了密封盖零件、固定座加压模具零件、连接板零件、动车车头模型、大赛底板零件、内腔成型模零件、轴承座零件、电机后盖零件的加工过程。本书通过分析零件图纸、选择加工设备和软件仿真生成刀路轨迹等实践步骤，系统地讲解了数控铣床典型零件的加工工艺，并展示了加工零件的实际方式。无论是初学者还是数控技术人员，均可以从本书中获得宝贵的经验，此外，本书涵盖了大量的知识点和技能点，为读者提供了全面而深入的学习体验。

本书可作为数控、机电、机械等专业学生的学习教材，同时，对于数控技术人员而言，本书也是一本具有实用性的培训和自学书籍。

版权专有　侵权必究

图书在版编目（CIP）数据

典型零件数控铣床加工技术：UG 编程 Vericut 仿真 / 柳琳，姜云宽主编. -- 北京：北京理工大学出版社，2024.1

ISBN 978 - 7 - 5763 - 3356 - 5

Ⅰ. ①典… Ⅱ. ①柳… ②姜… Ⅲ. ①数控机床 - 铣床 - 零部件 - 程序设计 ②数控机床 - 铣床 - 零部件 - 加工 Ⅳ. ①TG547

中国国家版本馆 CIP 数据核字（2024）第 032527 号

责任编辑：王梦春　　**文案编辑**：魏　笑
责任校对：刘亚男　　**责任印制**：李志强

出版发行 / 北京理工大学出版社有限责任公司
社　　址 / 北京市丰台区四合庄路 6 号
邮　　编 / 100070
电　　话 /（010）68914026（教材售后服务热线）
　　　　　　（010）68944437（课件资源服务热线）
网　　址 / http：// www.bitpress.com.cn

版 印 次 / 2024 年 1 月第 1 版第 1 次印刷
印　　刷 / 河北盛世彩捷印刷有限公司
开　　本 / 787 mm × 1092 mm　1/16
印　　张 / 12
字　　数 / 304 千字
定　　价 / 59.50 元

图书出现印装质量问题，请拨打售后服务热线，负责调换

前　言

在这个科技日新月异的时代，数控技术已经成为现代制造业的重要支柱。数控铣床作为数控技术的一项重要应用，以其高精度、高效率和高自动化程度，为我国制造业的现代化转型提供了强大的动力和支持。

本书旨在为广大数控铣床爱好者和从业者提供一个全面、系统、实用的学习平台，帮助读者更好地掌握数控铣床的操作技能和应用技巧，从而提高加工效率和质量。

数控铣床的发展不仅在技术上有长足进步，还在应用领域展现出广阔前景。数控铣床作为制造业自动化的重要工具，不仅能够提升生产效率，还能够保证产品的高质量和一致性，助力我国制造业从速度型向质量型、效益型转变。

本书内容涵盖数控铣床的基本知识、编程与操作、工艺设计与实践以及多个典型零件的加工案例等。本书采用项目式编写方式，通过八个典型零件加工项目从典型零件加工任务分析、图纸分析、制订加工工艺卡，到创建 UG 加工程序、应用 Vericut 进行仿真和实际加工，全面深入地解析数控铣床的加工技术。通过以上系统化的学习方式，读者不仅能够掌握数控铣床的操作要领，还能够深入理解加工工艺设计的基本原则和方法，从而提高自身的实际操作能力，有效提升工作效率和产品质量。

数控铣床作为制造业现代化的组成部分，正是创新驱动发展战略下不断演进和完善的重要体现。本书以创新为核心，为读者提供前沿、实用的数控铣床技术知识，助力读者在制造业的道路上不断前行，为国家经济的发展贡献力量。

本书由辽宁机电职业技术学院的柳琳、姜云宽和历建波编写。具体编写分工：项目一、二、三、四及前言由柳琳编写，项目五、六、七由姜云宽编写，项目八由历建波编写。

综上所述，希望本书能够成为广大读者在数控铣床领域学习和实践的重要参考，引领读者在技术发展的潮流中取得更大的成就和进步。

由于编者水平有限，书中难免有疏漏或不妥之处，恳请广大读者批评指正。

编　者

二维码视频资源列表

项目一　密封盖零件数控编程与加工	
项目二　固定座加压模具零件数控编程与加工	
项目三　连接板零件数控编程与加工	
项目四　动车车头零件数控编程与加工	
项目五　大赛底板零件编程与加工	
项目六　内腔成型模零件编程与加工	
项目七　轴承座零件编程与加工	
项目八　电机后盖零件编程与加工	

目 录

项目一　密封盖零件数控编程与加工 ·· 1
   步骤一　密封盖零件编程与加工任务 ·· 1
   步骤二　分析密封盖零件图纸 ·· 3
   步骤三　制订密封盖零件加工工艺卡 ·· 5
   步骤四　创建密封盖零件加工程序 ··· 6
   步骤五　模拟仿真实践 ··· 18
   步骤六　完成零件加工 ··· 20
   步骤七　零件精度检测与评价 ··· 22

项目二　固定座加压模具零件数控编程与加工 ······························ 24
   步骤一　固定座加压模具零件编程与加工任务 ······························ 24
   步骤二　分析固定座加压模具零件图纸 ··· 26
   步骤三　制订固定座加压模具零件加工工艺卡 ······························ 27
   步骤四　创建固定座加压模具零件加工程序 ·································· 28
   步骤五　模拟仿真实践 ··· 40
   步骤六　完成零件加工 ··· 42
   步骤七　零件精度检测与评价 ··· 45

项目三　连接板零件数控编程与加工 ·· 48
   步骤一　连接板零件编程与加工任务 ··· 48
   步骤二　分析连接板零件图纸 ··· 50
   步骤三　制订连接板零件加工工艺卡 ··· 51
   步骤四　创建连接板零件加工程序 ·· 52
   步骤五　模拟仿真实践 ··· 63
   步骤六　完成零件加工 ··· 65
   步骤七　零件精度检测与评价 ··· 67

项目四　动车车头零件数控编程与加工 ·· 69
   步骤一　动车车头零件编程与加工任务 ··· 69
   步骤二　分析动车车头零件图纸 ·· 71
   步骤三　制订动车车头零件加工工艺卡 ··· 72
   步骤四　创建动车车头零件加工程序 ··· 73

步骤五	模拟仿真实践	83
步骤六	完成零件加工	85
步骤七	零件精度检测与评价	87

项目五　大赛底板零件编程与加工　89

步骤一	大赛底板零件编程与加工任务	89
步骤二	分析大赛底板零件图纸	91
步骤三	制订大赛底板零件加工工艺卡	92
步骤四	创建大赛零件加工程序	93
步骤五	模拟仿真实践	108
步骤六	完成零件加工	111
步骤七	零件精度检测与评价	113

项目六　内腔成型模零件编程与加工　115

步骤一	内腔成型模零件编程与加工任务	115
步骤二	分析内腔成型模零件图纸	117
步骤三	制订内腔成型模零件加工工艺卡	117
步骤四	创建内腔成型模零件加工程序	119
步骤五	模拟仿真实践	129
步骤六	完成零件加工	131
步骤七	零件精度检测与评价	133

项目七　轴承座零件编程与加工　135

步骤一	轴承座零件编程与加工任务	135
步骤二	分析轴承座零件图纸	137
步骤三	制订轴承座零件加工工艺卡	138
步骤四	创建轴承座零件加工程序	139
步骤五	模拟仿真实践	153
步骤六	完成零件加工	156
步骤七	零件精度检测与评价	158

项目八　电机后盖零件编程与加工　160

步骤一	电机后盖零件编程与加工任务	160
步骤二	分析电机后盖零件图纸	162
步骤三	制订电机后盖零件加工工艺卡	163
步骤四	创建电机后盖零件加工程序	164
步骤五	模拟仿真实践	176
步骤六	完成零件加工	179
步骤七	零件精度检测与评价	181

课前小故事

1. 名言警句
机器创造一事,为今御侮之资,自强之本。

2. 故事背景
1958年,国家把研制数控铣床的项目交给了清华大学和北京第一机床厂。他们没有经验、样机和详细资料,只有一张从苏联带回来的数控机床照片广告。

3. 故事内容
数控机床研发分为机床的液压系统、数控系统、步进马达及其驱动三个部分。由清华大学和北京第一机床厂牵头组织,只凭一张国外数控机床照片广告作为参考依据。如图1-1所示,照片上的机床旁边有一个一米多高的大柜子,就是数控系统,广告上还列出了几项性能指标,所有这些组成了设计组为数不多的参考资料。

图1-1 国外数控机床照片参考资料

1959年夏秋之际的一个夜晚,我国第一台数控铣床研制成功,这标志着我国的装备制造业具备了数字化的能力。当时研发人员编制了两个小程序:一个是铣出五角星的形状,另一个是铣出"欢迎"字样。当一块块铁片转眼间变成五角星和"欢迎"字样时,在场的人们都觉得十分新奇。

项目一 密封盖零件数控编程与加工

步骤一 密封盖零件编程与加工任务

项目名称

1. 项目描述
单件或小批量生产密封盖零件,毛坯为200 mm×200 mm×45 mm 6061铝合金。
要求:设计数控加工工艺方案,编制机械加工工艺卡和数控铣床刀具卡片,并利用

UG NX 12.0 软件进行零件的程序编制。程序编写完成后进行加工仿真,确认程序无误后利用 VDM850B 数控加工中心加工出合格的零件,经检验合格后入库。

2. 问题导向

(1) 与普通铣床相比,数控铣床有哪些优点?
(2) 如何快速准确地分析零件图纸,通过分析零件图纸能够获得哪些信息?
(3) 零件的毛坯、切削刀具、工装夹具的选择原则有哪些?
(4) UG NX 12.0 软件自动编程的一般流程是什么?
(5) 在 UG NX 12.0 软件中,如何创建机床坐标系并设置安全平面?
(6) UG NX 12.0 软件中的自动编程"带边界面铣"策略如何使用,策略中的"切削参数"如何设置?

项目准备

(1) 每组一张零件图纸,如图 1-2 所示。

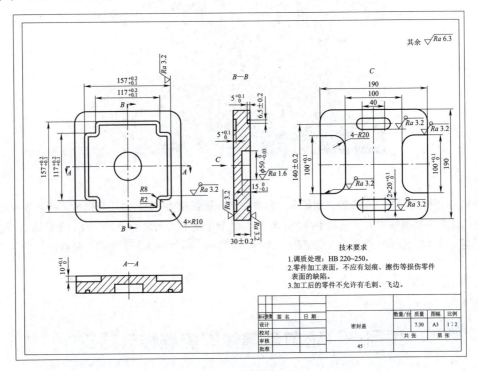

图 1-2 密封盖零件图纸

(2) 设备:FANUC 0i 数控系统 VDM850B 数控加工中心。
(3) 刀具:$\phi63$ mm 面铣刀,$\phi6$ mm 立铣刀,$\phi12$ mm 立铣刀。
(4) 量具:0~300 mm 深度尺,0~250 mm 游标卡尺。
(5) 工具:平口钳扳手、内六角扳手、活动扳手、垫片、橡胶锤、卫生清洁工具。
(6) 毛坯:200 mm×200 mm×45 mm 的 6061 铝合金。

项目目标

1. 知识目标

（1）掌握制订密封盖零件加工工艺及工序的方法。
（2）掌握 UG NX 12.0 软件编程加工模块的基本操作流程。
（3）掌握利用 UG NX 12.0 软件对密封盖零件进行编程的方法。
（4）掌握相关刀具和夹具的选择、安装及使用方法。
（5）掌握常用量具和工具的使用方法。

2. 技能目标

（1）能够读懂零件图纸并正确分析。
（2）能够根据零件图纸合理制订加工工艺路线方案。
（3）能够熟练掌握 UG NX 12.0 软件的编程工艺流程。
（4）能够正确使用量具并对加工零件进行检测。
（5）能够利用数控加工中心进行零件加工。
（6）能够使用 Vericut 仿真软件对零件进行加工前的模拟仿真。
（7）能够理解数控编程加工的流程。

3. 锻炼与培养目标

（1）培养学生对机械加工的兴趣。
（2）培养学生的安全意识。

 分析密封盖零件图纸

数控加工的一般流程

1. 分析图纸

（1）确认零件的毛坯状态（型材、铸件、锻件、焊接件、冲压件、冷挤压件等）。
（2）确认毛坯材质（铸铁 K、低碳钢 P、不锈钢 M、有色金属 N、耐热合金 S、淬火件 H 等）。
（3）零件的加工内容（平面、曲面、孔、凸台、型腔、螺纹等）。
（4）零件的加工精度（零件尺寸公差、形位公差、表面粗糙度等）。
（5）查看图纸技术要求内容。

2. 选择合适的加工设备并确认其配置

（1）根据零件的加工内容确认加工设备（车床、铣床、镗床、钻床、磨床等）。
（2）机床是否需要特殊配置。例如，零件需要多把刀具铣削完成，这就需要配置具有刀库的数控加工中心；或者零件需要一次装夹完成多个面的加工，这就需要机床配置数控多功能转台。

3. 合理安排装夹方式，确定加工工艺路线

（1）确定合理的装夹方案，保证零件装夹稳定可靠。
（2）根据零件的加工内容，合理安排加工工艺路线，既要保证零件的加工精度要求，又要保证工序的连贯性。

4. 确认切削工具

根据零件的材质、加工部位选择合适的切削刀具。

5. 编写加工程序，确认加工参数

（1）根据机床的数控系统编写正确、可识别的加工程序。

（2）根据现场工况、刀具特性及零件的加工部位，合理地选择切削参数（转速、进给量、背吃刀量）。

6. 零件首件试切

完成零件首件试切，检查零件加工完成情况，检验测量是否合格，是否需要对加工程序及加工参数进行调整，根据现场实际工况及时对问题进行分析处理。

技术要求分析

1. 毛坯性质

毛坯外形尺寸为 200 mm × 200 mm × 45 mm，材质为 6061 铝合金。

2. 尺寸公差

正面需要加工的轮廓：（1）上表面；（2）宽 6.5 mm 的异型槽，需要保证的尺寸有（6.5 ± 0.2）mm，$117^{+0.2}_{+0.1}$ mm，$157^{+0.2}_{+0.1}$ mm，深度 $5^{+0.1}_{0}$ mm；（3）$\phi 50$ mm 的圆形腔，需要保证的尺寸有 $\phi 50^{0}_{-0.03}$ mm，深度 $15^{0}_{-0.1}$ mm。

反面需要加工的轮廓：（1）上表面；（2）左右两侧对称开口槽，需要保证的尺寸有 $100^{+0.1}_{0}$ mm，深度 $10^{+0.1}_{0}$ mm，开口槽倒圆角 $R20$ mm，中心距 100 mm；（3）上下对称键槽，需要保证的尺寸有键槽宽 $20^{+0.1}_{0}$ mm 和槽深 $5^{+0.1}_{0}$ mm，键槽的长度 40 mm 为自由公差。

3. 表面粗糙度要求

（1）宽 6.5 mm 的异型槽表面粗糙度要求为 Ra 3.2 μm；（2）直径 50 mm 的圆形腔表面粗糙度要求为 Ra 1.6 μm；（3）左右两侧对称开口槽表面粗糙度要求为 Ra 3.2 μm；（4）上下对称键槽表面粗糙度要求为 Ra 3.2 μm；（5）上下面表面粗糙度要求为 Ra 3.2 μm；（6）其余表面粗糙度要求为 Ra 6.3 μm。

制订加工路线

工序一：采用平口钳装夹。

（1）使用 D63 面铣刀粗、精铣零件上表面，保证表面粗糙度 Ra 3.2 μm 的技术要求，以及保证精铣后的上表面距离装夹钳口平面的距离不小于 32 mm。

（2）使用 D6 立铣刀粗、精铣异型凹槽，保证的尺寸有（6.5 ± 0.2）mm，$117^{+0.2}_{+0.1}$ mm，$157^{+0.2}_{+0.1}$ mm，深度 $5^{+0.1}_{0}$ mm。

（3）使用 D12 立铣刀粗、精铣直径 50 mm 的圆形腔，保证的尺寸有 $\phi 50^{0}_{-0.03}$ mm，深度 $15^{0}_{-0.1}$ mm，表面粗糙度要求为 Ra 3.2 μm。

（4）使用 D12 立铣刀粗、精铣零件外轮廓，保证的尺寸有 190 mm × 190 mm，深度 32 mm，表面粗糙度要求为 Ra 3.2 μm。

工序二：采用平口钳装夹。

（1）使用 D63 面铣刀粗、精铣零件上表面，保证零件厚度为（30 ± 0.1）mm，表面粗糙度为 Ra 3.2 μm。

（2）使用 D6 立铣刀粗、精铣键槽，保证键槽宽 $20^{+0.1}_{0}$ mm、槽深为 $5^{+0.1}_{0}$ mm，表面粗糙度为 Ra 3.2 μm。

（3）使用 D12 立铣刀粗、精铣左右两侧对称开口槽，需要保证的尺寸有 $100^{+0.1}_{0}$ mm，深度 $10^{+0.1}_{0}$ mm，开口槽倒圆角 $R20$ mm，中心距 100 mm，表面粗糙度为 Ra 3.2 μm。

步骤三　制订密封盖零件加工工艺卡

密封盖零件加工工艺卡见表 1-1。

表 1-1　密封盖零件加工工艺卡

机械加工工序卡片		零件图号	图 1-2	
		零件名称	密封盖	
加工示意图	装夹图	车间	工序号	工序名称	材料牌号
		机加车间	10	数铣	6061
		毛坯尺寸		设备名称	
	G54：X、Y 四面分中，顶面对刀为 $Z0.7$ mm，零件露出高度不小于 35 mm	200 mm×200 mm×45 mm		数控加工中心	
		第 1 页		共 2 页	

工序号	工序内容	加工策略	刀具	刀长/mm	主轴转速/(r·min^{-1})	进给量/(mm·min^{-1})	切削深度/mm	余量/mm	量具
10	粗铣零件上表面	面铣	T1D63	40	600	120	0.5	0.2	游标卡尺
20	精铣零件上表面	面铣	T1D63	40	1 000	1 000	0.2	0	游标卡尺
30	粗铣凹槽	面铣	T2D6	20	5 000	1 500	0.25	0.25	游标卡尺
40	精铣凹槽	面铣	T2D6	20	5 000	1 000	0.3	0	游标卡尺
50	粗铣 $\phi 50$ mm 的圆形腔	孔铣	T3D12	30	2 400	1 800	0.5	0.2	游标卡尺
60	精铣 $\phi 50$ mm 的圆形腔	面铣	T3D12	30	3 000	1 000	1 刀	0	游标卡尺
70	粗铣外轮廓	平面铣	T3D12	40	4 500	2 000	0.5	0.2	游标卡尺
80	精铣外轮廓	平面铣	T3D12	40	3 000	1 000	1 刀	0	游标卡尺
编制		电话		审核			日期		

续表

机械加工工序卡片				零件图号		图1-2	
				零件名称		密封盖	
加工示意图		装夹图		车间	工序号	工序名称	材料牌号
				机加车间	20	数铣	6061
				毛坯尺寸		设备名称	
				200 mm×200 mm×45 mm		数控加工中心	
				第2页		共2页	
工序号	工序内容	加工策略	刀具	刀长/mm	主轴转速/(r·min^{-1})	进给量/(mm·min^{-1})	切削深度/mm	余量/mm	量具
90	粗铣零件上表面	面铣	T1D63	40	600	120	1	0.2	游标卡尺
100	精铣零件上表面	面铣	T1D63	40	1 000	200	0.2	0	游标卡尺
110	粗铣型腔	型腔铣	T3D12	40	3 000	1 500	0.5	0.2	游标卡尺
120	精铣型腔	平面铣	T3D12	40	3 000	1 000	1刀	0	游标卡尺
编制		电话		审核		日期	

步骤四　创建密封盖零件加工程序

知识链接

1. 工件坐标系设置原则

工件坐标系是编程人员在编程时使用的坐标系。编程人员通常选择工件上的某一已知点为坐标系原点（又称编程零点），建立一个新的坐标系，称为工件坐标系。工件坐标系一旦建立便一直有效，直到被新的工件坐标系取代。工件坐标系原点的确定一般是通过对刀实现的。设置工件坐标系原点的一般原则如下。

（1）工件坐标系原点选在工件图样的尺寸基准上，这样可以直接用图样标注的尺寸作为编程点的坐标值，以减少计算工作量和错误。

（2）工件坐标系原点的设置位置能使工件方便地装夹、测量和检验。

（3）工件坐标系原点尽量选在尺寸精度较高、表面粗糙度比较小的工件表面上，以提高加工精度并保证同一批零件的一致性。

（4）对称零件或以同心圆为主的零件，工件坐标系原点应选在对称中心线或圆心上。工件坐标系原点通常设置在工件内外轮廓的某一个角上。

（5）Z轴的编程零点通常选在工件的上表面。

（6）对于形状复杂的零件，需要编制几个程序或子程序。为了编程方便和减少多个坐标值的计算，编程零点不一定设在工件坐标系原点上，而设在便于程序编制的位置。

2. 确定密封盖零件工件坐标系

正面加工时以毛坯上表面中心为坐标原点，如图1-3（a）所示。

反面加工时以毛坯上表面中心为坐标系原点,如图 1-3 (b) 所示。

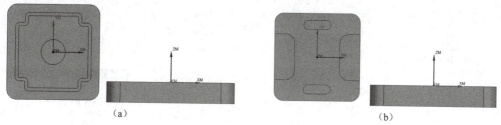

图 1-3 确定密封盖零件工件坐标系
(a) 正面加工时工件坐标系;(b) 反面加工时工件坐标系

3. UG NX 12.0 软件带边界面铣编程设置流程

创建工序流程。

(1) 单击"创建工序"按钮,打开"创建工序"对话框,在"工序子类型"选项组中选择"带边界的面铣"选项,变更刀具、几何体参数,并对工序命名,单击"确定"按钮如图 1-4 (a) 所示。

(2) 打开"面铣"对话框,如图 1-4 (b) 所示。单击"指定面边界"按钮,打开"部件边界"对话框,如图 1-4 (c) 所示。在"边界"选项组的"选择方法"下拉列表中选择"面"选项,在视图中选取需要加工的面;在"边界"选项组的"选择方法"下拉列表中选择"曲线"选项,先选择部件的边界,再选择面,就能在选择面上圈定一个区域。对话框中的"刀具侧"是指需要加工的方向,单击"确定"按钮。

(3) 单击"选择底面"按钮,打开"平面"对话框,如图 1-4 (d) 所示。在"类型"下拉列表中选择"自动判断"选项,单击"确定"按钮完成设置。其中底面是指本零件此工序需要加工的最低的面。

(4) 在"平面铣"对话框"刀轴"选项组的"轴"列表中选择"+ZM 轴"选项,如图 1-4 (e) 所示,完成"平面铣"中"刀轴"设置。

(5) 在"刀轨设置"选项组中设置"切削模式"为"跟随部件","步距"为"%刀具平直","平面直径百分比"取值一般为 50~70,如图 1-4 (e) 所示,完成"平面铣"对话框中"刀轨设置"。

(6) 单击"切削层"按钮,打开"切削层"对话框,将"类型"设置为"用户定义";将"每刀切削深度"设置为"公共",即每刀切削相同的深度;其他采用默认设置,单击"确定"按钮,完成设置。

(7) 单击"切削参数"按钮,打开"切削参数"对话框,如图 1-4 (f) 所示。在"策略"选项卡中设置"切削顺序"为"深度优先";在"余量"选项卡中设置"部件余量"参数,粗铣余量根据实际情况或工艺卡数据进行设置,精铣为 0,单击"确定"按钮,完成设置。

(8) 单击"非切削移动"按钮,打开"非切削移动"对话框,在"转移/快速"选项卡的"安全设置"选项组中设置"安全设置"为"平面"。单击"指定平面对话框"按钮,打开"平面"对话框,"类型"设置为"按某一距离",选取零件的上表面,"距离"设置为 10 mm,如果有夹具,则应根据实际情况调整安全平面。单击"确定"按钮,完成设置。

(9) 单击"进给率和速度"按钮,根据刀具直径,设置对应的刀具转速与进给率,如图 1-4 (g) 所示,完成后单击右侧计算器按钮。单击"确定"按钮,完成设置。

(10) 在"平面铣"对话框中的"操作"选项组中单击"生成"按钮,生成刀轨。

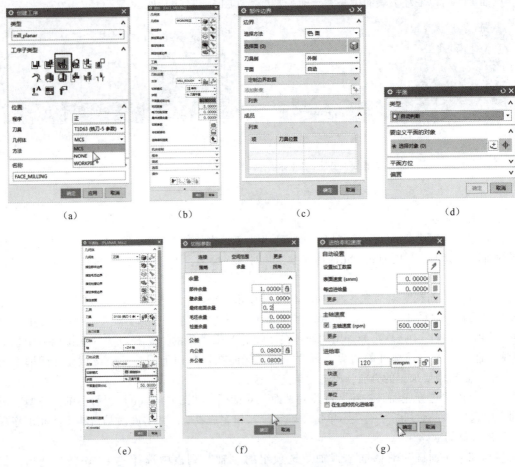

图1-4 密封盖零件加工创建工序流程

(a)"创建工序"对话框;(b)"带边界面铣"对话框;(c)"部件边界"对话框;
(d)"平面"对话框;(e)"平面铣"对话框;(f)"切削参数"对话框;
(g)"进给率和速度"对话框

密封盖零件正面加工程序创建步骤

1. 进入 UG NX 12.0 软件的加工模块

选择"应用模块"→"加工"选项,打开"加工环境"对话框,在"CAM 会话配置"列表中选择 cam_general 选项;在"要创建的 CAM 组装"列表中选择 mill_planar 选项,单击"确定"按钮,进入加工环境,如图1-5所示。

进入加工模块

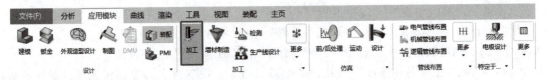

图1-5 创建密封盖零件正面加工模块

图1-5 创建密封盖零件正面加工模块（续）

2. 创建坐标系

选择"创建几何体"→"创建坐标系 MCS"选项，打开 MCS 对话框如图1-6所示，设置工件坐标系原点，选取零件上表面。安全平面是方便后续工序中抬刀可以设置到安全平面，快速移刀时会先移动到安全平面。如果有夹具，需要注意安全平面高度。

创建坐标系

图1-6 密封盖零件正面加工创建坐标系

3. 创建几何体

在"工件"对话框中单击"选择和编辑部件几何体"按钮，打开"部件几何体"对话框，选择待加工零件，单击"确定"按钮。

在"工件"对话框中单击"选择和编辑毛坯几何体"按钮，打开"毛坯几何体"对话框，选择"包容块"选项，设置相关参数后，连续单击"确定"按钮，如图1-7所示。（上表面余量为 0.7 mm，为了去除表面氧化层；下表面余量为 14.3 mm，作为装夹使用；其余各表面余量为 5 mm。）

创建几何体

项目一 密封盖零件数控编程与加工 ■ 9

图 1-7 密封盖零件正面加工创建几何体

4. 创建刀具

创建 φ63 mm 面铣刀，φ6 mm 立铣刀，φ12 mm 立铣刀，并分别标注刀号。

"主页"→"刀片"→"创建刀具"选项，打开"创建刀具"对话框。在"类型"下拉列表中选择 mill_planar 选项；在"刀具子类型"选项组中选择"铣刀"选项，输入刀具名称，设置刀具对应直径、下半径、刀刃长度、刀具号等参数，单击"确定"按钮，如图 1-8 所示。

创建刀具

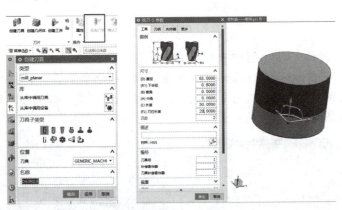

图 1-8 密封盖零件正面加工创建刀具

5. 创建工序

密封盖零件正面加工工序见表 1-2。

表 1-2 密封盖零件正面加工工序

工序号	工序名称	操作步骤	操作视频
10	粗铣零件上表面	使用面铣 FACE_MILLING 策略粗铣零件上表面，指定面边界（红色区域），选择零件上表面抬升 0.7 mm 作为毛坯上顶面，底面选择零件上表面，预留 0.2 mm 作为余量。刀具选择 TID63 面铣刀，转速设置为 600 r/min，进给率设置为 120 mm/min 注意：为保证加工没有残余，设置刀路时刀路一定要超出零件外刀具半径距离，即在"切削参数"中设置"刀具延展量"大于 50%	

续表

工序号	工序名称	操作步骤	操作视频
20	精铣零件上表面 	复制工序10粗铣零件上表面策略，调整"最终底面余量"为0 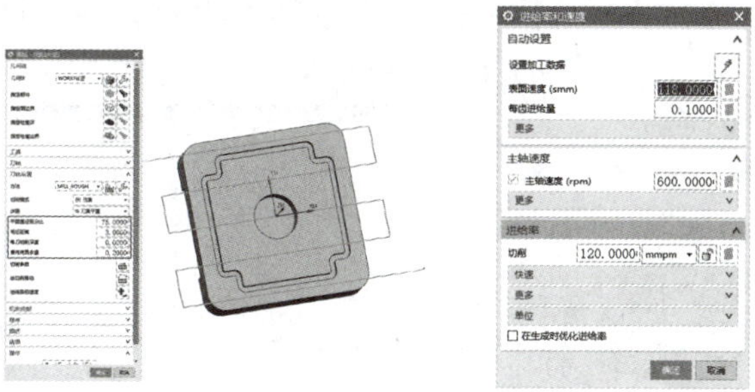	
30	粗铣凹槽 	使用面铣 FACE_MILLING 策略粗铣凹槽，指定面边界选择凹槽，底面选择凹槽底面。刀具选择 T2D6，转速设置为 5 000 r/min，进给率设置为 1 500 mm/min，余量设置为 0.25 mm 注意：凹槽宽度为 6.5 mm，刀具直径为 6 mm 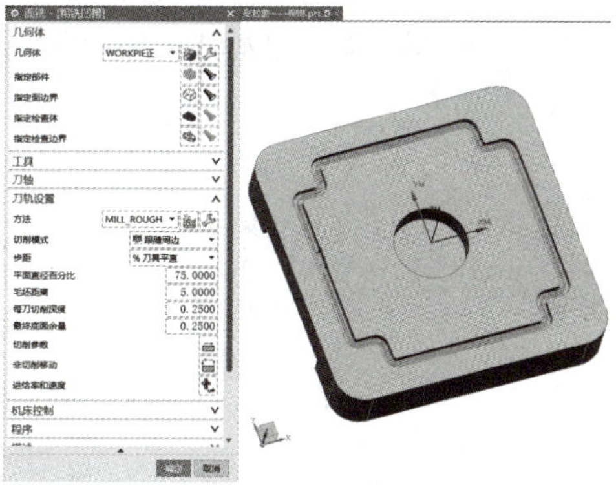	
40	精铣凹槽 	复制工序30粗铣凹槽策略，更改底面和侧壁的余量均设置为0 注意：因余量较小，可以适当提高切削深度	

项目一　密封盖零件数控编程与加工

续表

工序号	工序名称	操作步骤	操作视频
50	粗铣 φ50 mm 的圆形腔 	使用孔铣 HOLE_MILLING 策略粗铣孔，指定特征几何体，选择孔。调整轴向、径向参数；确定进给率和速度，切削转速设置为 2 400 r/min，进给率设置为 1 800 mm/min；底面和侧壁余量均设置为 0.2 mm 注意：下刀为螺旋下刀 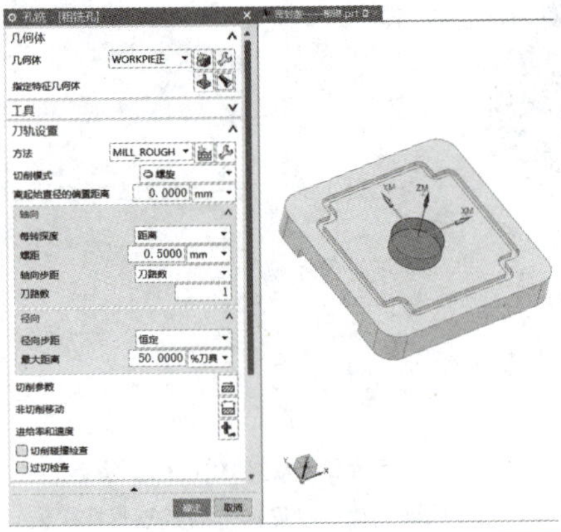	
60	精铣 φ50 mm 的圆形腔 	使用面铣 FACE_MILLING 策略精铣孔，选用 T3D12 刀具，切削转速设置为 3 000 r/min，进给率为 1 000 mm/min 注意：精加工时为了提升表面加工质量，可以提高转速，降低进给率 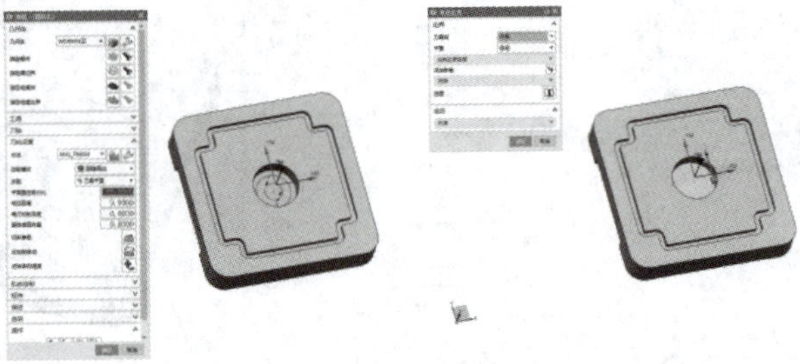	
70	粗铣外轮廓 	使用平面铣 PLANAR_MILL 策略粗铣外轮廓，指定面边界，选择上表面，或者选择曲线和边。面选择上表面，边依次选择外轮廓，底面选择零件底面。刀具选择 T3D12，转速设置为 4 500 r/min，进给率设置为 2 000 mm/min，切削方式选择轮廓，切削层设置为 0.5 mm 注意：加工第一刀可能过大，可以手动降低切削速度。为保证清根，可以让底面适当下降 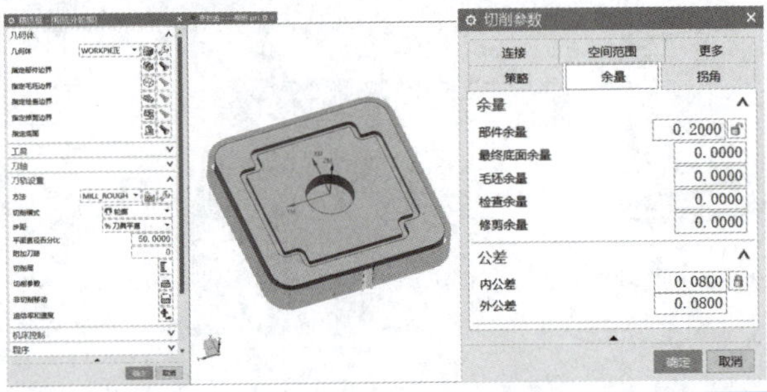	

续表

工序号	工序名称	操作步骤	操作视频
80	精铣外轮廓 	复制工序70粗铣外轮廓策略，调整参数，更改侧壁余量设置为0，切削转速设置为3 000 r/min，进给率设置为1 000 mm/min，切削层选择仅底面 注意：非全刃切削，可以适当提高进给率 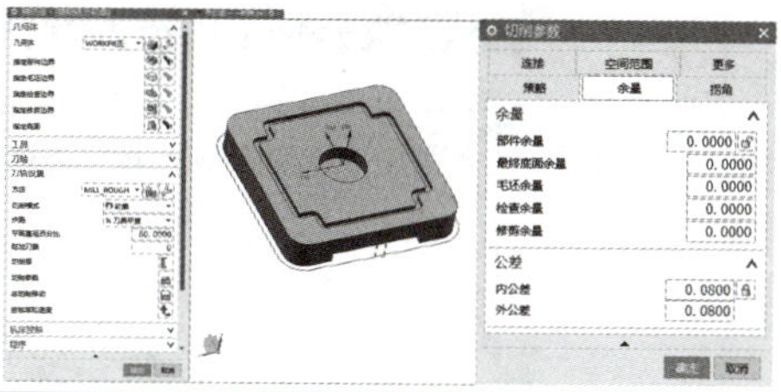	

6. 生成刀路轨迹并确认

密封盖零件正面加工刀路轨迹见表1-3。

表1-3 密封盖零件正面加工刀路轨迹

工序号	工序名称	操作步骤	刀轨确认	操作结果	动画演示（演示刀具切削过程）
10	粗铣零件上表面	选择对应的工序生成刀轨，选择"确认刀轨"选项，观看相关动画，并仔细观察是否有未加工或过切位置 			
20	精铣零件上表面				
30	粗铣凹槽				
40	精铣凹槽				
50	粗铣直径50 mm的圆形腔				
60	精铣直径50 mm的圆形腔				
70	粗铣外轮廓		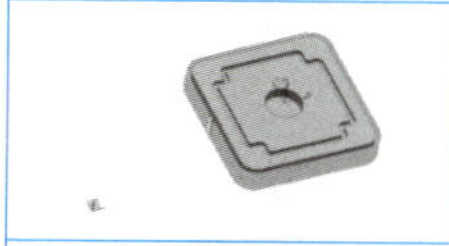	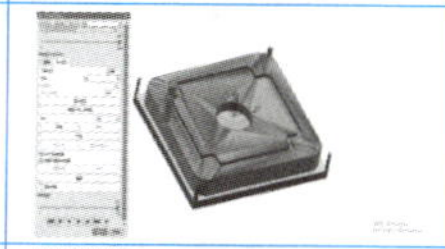	
80	精铣外轮廓			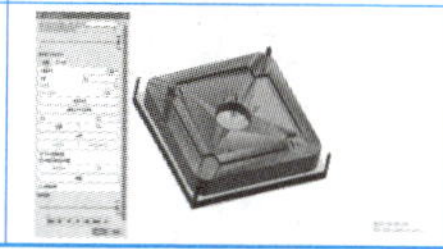	

7. 生成后处理文件

选择需要的程序，如果是加工中心，可以一次性选中文件夹里的所有工序，生成后处理文件。选择"主页"→"工序"→"后处理"选项，在打开的"后处理"对话框中选择 MILL_3_AXIS 选项，单位选择"部件/公制"选项，选择需要保存的位置，单击"确定"按钮完成操作，如图 1-9 所示。

生产后处理文件

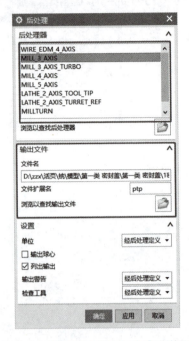

图 1-9　密封盖零件正面加工生成后处理文件

💡 密封盖零件反面加工程序创建步骤

1. 创建坐标系

选择"创建几何体"→"创建坐标系 MCS"选项，打开 MCS 对话框，如图 1-10 所示。选取零件上表面，设置工件坐标系原点，确保 X 轴、Y 轴、Z 轴的方向与实际工件坐标系的方向一致。

反面创建坐标系

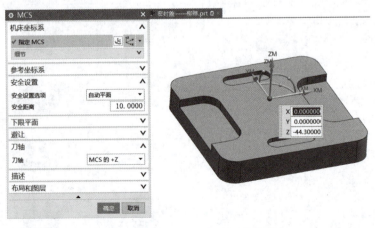

图 1-10　密封盖零件反面加工创建坐标系

2. 创建几何体

创建部件、毛坯几何体（上表面余量为 0.7 mm，为了去除表面氧化层；下表面余量为 14.3 mm，作为装夹使用；其余各表面余量为 5 mm）。可以直接将密封盖零件正面加工工序仿真后的结果创建为 IPW 过程工件，当作第二工序的毛坯几何体使用，如图 1-11 所示。

反面创建几何体

图 1-11 密封盖零件反面加工创建几何体

3. 创建工序

密封盖零件反面加工工序见表 1-4。

表 1-4 密封盖零件反面加工工序

工序号	工序名称	操作步骤	操作视频
90	粗铣零件上表面	使用面铣 FACE_MILLING 策略粗铣零件上表面，指定面边界，选择上表面零件边界（红色面），"最终底面余量"设置为 0.2 mm。刀具选择 TID63 面铣刀，转速设置为 600 r/min，进给率设置为 120 mm/min。毛坯余量是指需要切削的量，指定切削深度为 1 mm，即每刀切削 1 mm 注意：为保证加工没有残余，设置刀路时刀路一定要超出零件外刀具半径距离，即在"切削参数"中设置"刀具延展量"大于 50%	

项目一 密封盖零件数控编程与加工 15

续表

工序号	工序名称	操作步骤	操作视频
100	精铣零件上表面 	复制工序 90 粗铣零件上表面策略，指定面边界，面更改为零件上表面，底面余量 0.2 mm 改为 0 mm 注意：在精铣零件上表面后要使用游标卡尺测量零件的总厚度，尺寸为（30±0.1）mm，若发现尺寸超差，可在 G54 的 Z 向坐标内增量补偿差值，不可直接修改刀具长度 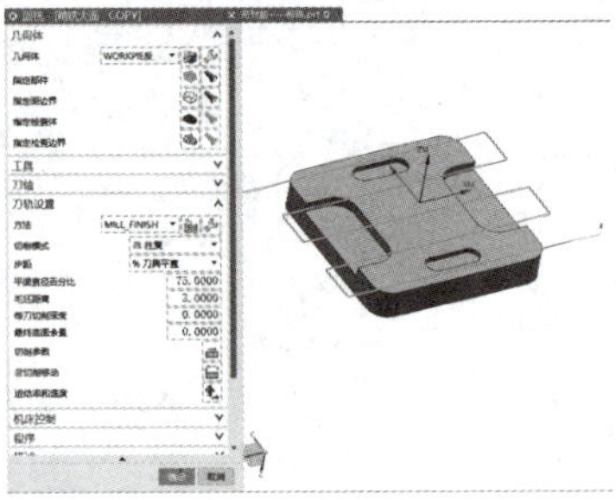 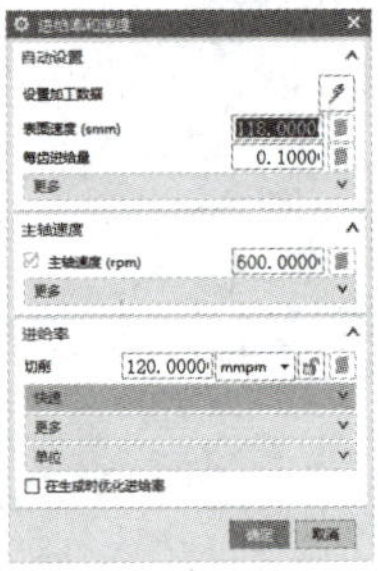	
110	粗铣型腔 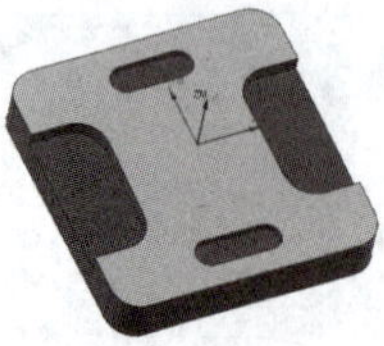	使用型腔铣 CAVITY_MILL 策略，指定部件边界选择所有键槽，毛坯边界选择零件上表面，轮廓选择整个零件外轮廓，底面选择键槽底面。刀具选择 T3D12，转速设置为 3 000 r/min，进给率设置为 1 500 mm/min，余量设置为 0.2 mm，切削层恒定 0.5 mm 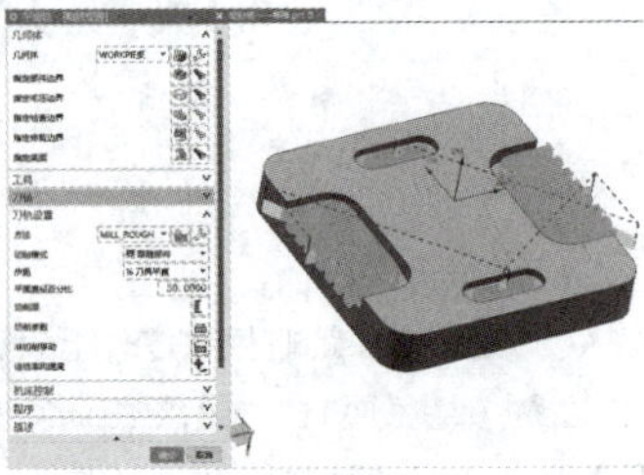 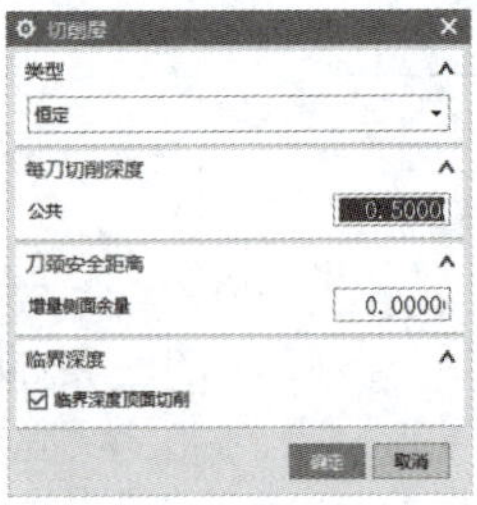	
120	精铣型腔 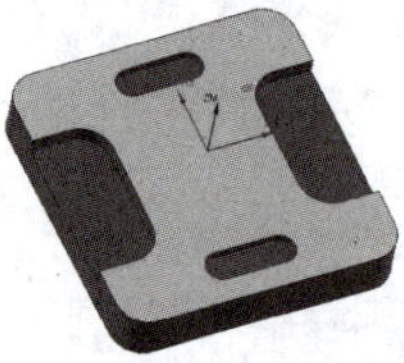	使用平面铣 PLANAR_MILL 策略，指定面边界，选择两个键槽，底面选择键槽底面。刀具选择 T3D12，转速设置为 3 000 r/min，进给率设置为 1 000 mm/min 注意：选择完一个键槽后单击鼠标滚轮确定，再选择另一个键槽 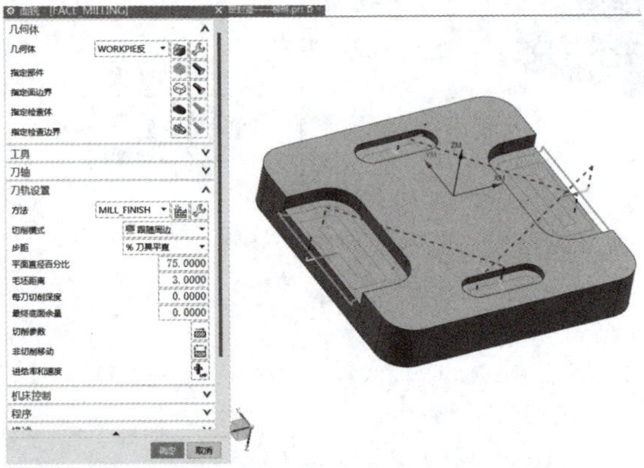	

4. 生成刀路轨迹并确认

密封盖零件反面加工刀路轨迹见表 1-5。

表 1-5　密封盖零件反面加工刀路轨迹

工序号	工序名称	操作步骤	刀轨确认	操作结果	动画演示（演示刀具切削过程）
90	粗铣零件上表面	选择对应的工序生成刀轨，选择"确认刀轨"选项，观看相关动画，并仔细观察是否有未加工或过切位置			
100	精铣零件上表面				
110	粗铣型腔				
120	精铣型腔				

5. 生成后处理文件

选择需要的程序，如果是加工中心，可以一次性选中文件夹里的所有工序，生成后处理文件。选择"主页"→"工序"→"后处理"选项，在打开的"后处理"对话框中选择 MILL_3_AXIS 选项，在"单位"下拉列表中选择"部件/公制"选项，选择需要保存的位置，单击"确定"按钮完成操作，如图 1-12 所示。FANUC 程序后缀名为 .NC，在将程序传输到系统之前要将程序后缀名改成机床识别的 NC 程序。

反面生成后处理文件

图 1-12　密封盖零件反面加工生成后处理文件

项目一　密封盖零件数控编程与加工

步骤五　模拟仿真实践

程序编制完成后，利用仿真软件对密封盖零件进行仿真加工操作，见表1-6。

表1-6　密封盖零件仿真加工操作

操作名称	操作步骤	视频演示
打开项目	打开软件，选择"打开项目"选项，选择设置好参数的机床。为方便观察与操作，选择双屏 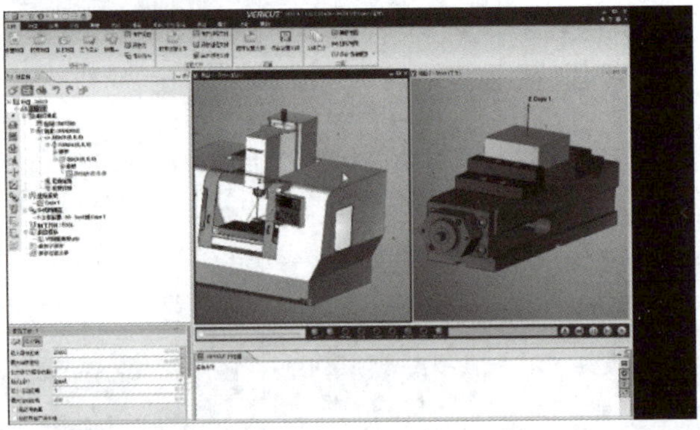	
设置毛料	单击"模型"按钮，在"毛坯类型"选项中，选择"立方块"选项，并设置毛坯长宽高分别为200，400，45 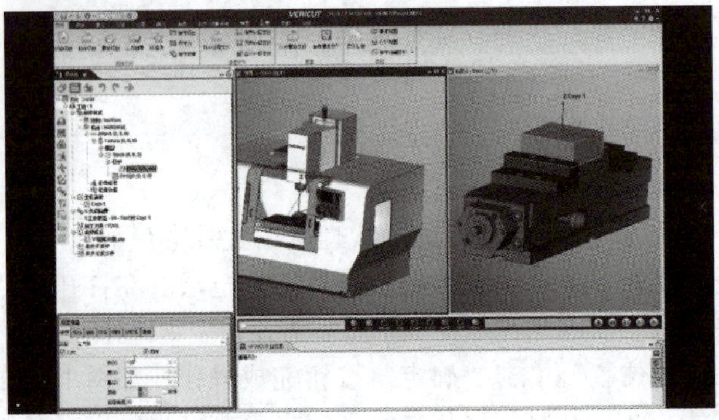	
装夹毛料	在工件视图中选择"虎钳口"选项，在配置模型中选择"移动"选项，设置为5 mm移动，并移动到合适位置，其中3个0分别代表 X、Y、Z 三轴的移动距离。选择"虎钳口"选项，在配置模型中选择"组合"→"配对右边箭头"→"毛料与虎钳口"选项。需要注意的是，如果想让虎钳口在配对中移动，就选择"虎钳口"→"配对"选项；如果想让毛料移动，就选择"毛料"→"配对"选项，最后需要调整毛料的 X 向、Z 向 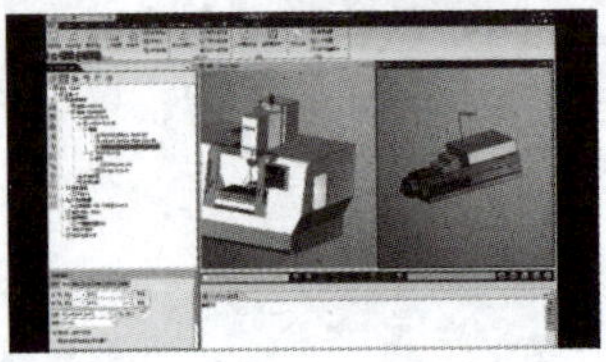 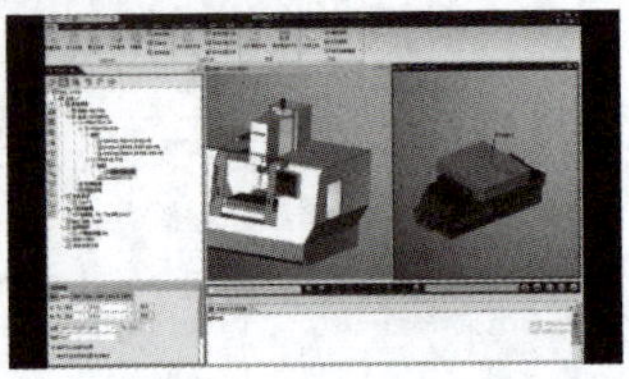	

续表

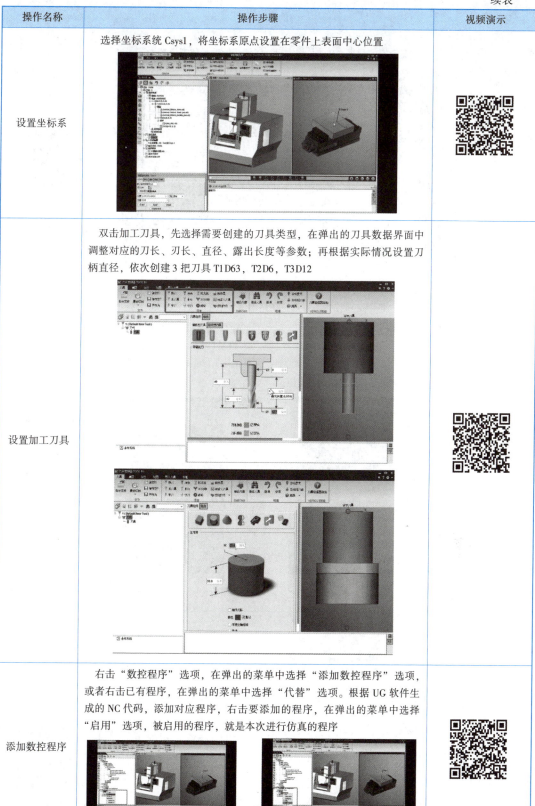

续表

操作名称	操作步骤	视频演示
仿真模拟	选择需要模拟的程序,单击 ▶ 按钮,软件开始进行仿真模拟加工。根据需要调整播放速度	
翻面仿真模拟	复制工位,单击空白位置,右击,在弹出的菜单中选择"粘贴"选项;单击机床,选择毛料单击 ▶ 按钮。调整刀具反面模拟状态;选择配置模型中的选项,选择旋转中心为工件坐标系原点,增量设置为180,选择 X 轴进行旋转;调整虎钳口位置,夹紧零件;调整坐标系位置,启用对应程序,单击 ▶ 按钮,进行翻面后的仿真模拟	

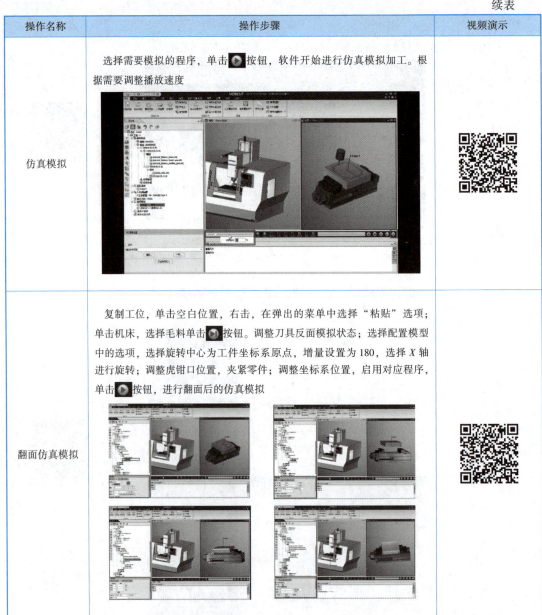

步骤六　完成零件加工

1. 工件安装

将垫铁置于零件毛坯下方,装夹零件到机床工作台的精密虎钳口上,用手锤敲击零件上表面,使其底面与垫铁和虎钳口贴实、夹紧,如图 1-13 所示。保证零件露出高度不小于 35 mm。

密封盖零件编程与
加工任务及检测

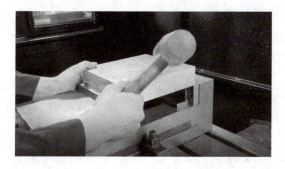

图1-13　密封盖零件加工工件安装

2. 刀具安装

把刀具安装到刀柄上并锁紧,移动主轴到安全位置,根据需要实行自动换刀,把对应刀具换到主轴上。左手握住刀柄,右手食指按住换刀开关,卸下旧刀具;按住换刀开关,把新刀具的凹槽对准主轴上的凸起,向上推送,将新刀具安装在主轴上;右手松开换刀开关,左手缓慢松开,并转动主轴观察刀具是否安装牢固,如图1-14所示。将 $\phi 63$ mm 面铣刀、$\phi 12$ mm 立铣刀、$\phi 6$ mm 立铣刀依次装入指定刀位。

图1-14　密封盖零件加工刀具安装

3. 对刀

试切法对刀。

(1) 分中对刀法是利用刀具对零件左右两侧进行试切,记录两侧切削位置的坐标值,两侧坐标值相加除以2后就是零件中心坐标值。采用试切法对刀完成 X 向、Y 向对刀,如图1-15 (a) 所示。

(2) 刀具切削零件上表面,当刚刚出现飞屑时,记录 Z 坐标值,在刀偏表内设置 Z 向刀具高度,完成 Z 向对刀,如图1-15 (b) 所示。

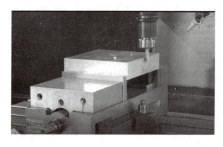
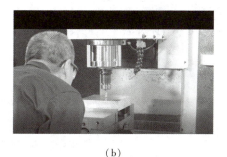

(a)　　　　　　　　　　　　　　(b)

图1-15　密封盖零件加工对刀

(a) X 向、Y 向对刀;(b) Z 向对刀

4. 自动加工

将刀具移动到安全位置,选择对应的程序,将机床调整到自动状态,单击"循环启动"按钮,直至加工结束,如图 1-16 所示。

图 1-16 密封盖零件自动加工

5. 尺寸检测

按图纸要求,利用游标卡尺和千分尺检测零件外形尺寸、零件厚度及各区域的尺寸,如图 1-17 所示。

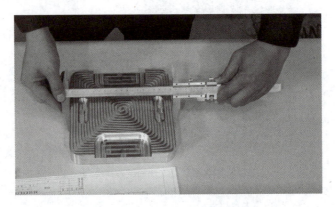

图 1-17 密封盖零件加工尺寸检测

步骤七 零件精度检测与评价

1. 职业素质考核

职业素质考核评价标准见表 1-7。

表 1-7 职业素质考核评价标准

考核项目		考核内容	配分/分	扣分/分	得分/分
加工前准备	纪律	服从安排、清扫场地等。违反一项扣1分	2		
	安全生产	安全着装、按规程操作等。违反一项扣1分	2		
	职业规范	机床预热,按照标准进行设备点检。违反一项扣1分	4		

续表

考核项目		考核内容	配分/分	扣分/分	得分/分
加工操作过程	打刀	每打一次刀扣2分	4		
	文明生产	工具、量具、刀具定置摆放，工作台面整洁等。违反一项扣1分	4		
	违规操作	用砂布、锉刀修饰，锐边没倒钝或倒钝尺寸太大等没按规定的操作行为，扣1~2分	4		
加工结束后设备保养	清洁、清扫	清理机床内部的铁屑，确保机床表面各位置的整洁，清扫机床周围的卫生，做好设备的保养。违反一项扣1分	4		
	整理、整顿	工具、量具的整理与定置管理。违反一项扣1分	2		
	素养	严格执行设备的日常点检工作。违反一项扣1分	4		
出现撞机床或工伤事故		出现撞机床或工伤事故整个测评成绩记0分			
合计			30		

2. 评分标准及检测报告

评分标准及检测报告见表1－8。

表1－8 评分标准及检测报告

序号	检测项目	检测内容	检测要求	配分/分	学员自测尺寸	教师评价	
						检测结果	得分/分
1	宽6.5 mm的异型槽	(6.5 ± 0.2) mm	超差不得分	10			
2		$117^{+0.2}_{+0.1}$ mm	超差不得分	5			
3		$157^{+0.2}_{+0.1}$ mm	超差不得分	5			
4	$\phi50$ mm的圆形腔	$\phi50^{0}_{-0.03}$ mm	超差不得分	10			
5		$15^{0}_{-0.1}$ mm	超差不得分	10			
6	左右两侧对称开口槽	$100^{+0.1}_{0}$ mm	超差不得分	5			
7		$10^{+0.1}_{0}$ mm	超差不得分	10			
8		$R20$ mm	超差不得分	5			
9	上下对称键槽	$20^{+0.1}_{0}$ mm	超差不得分	5			
10		$5^{+0.1}_{0}$ mm	超差不得分	5			
合计				70			

3. 在线答题

扫描下方二维码进行答题。

1. 名言警句

心细如发，以柔克刚——精益求精工匠精神。

2. 故事背景

火箭的惯性导航组合在行业里简称"惯组"。它就像人在走路的时候，依靠眼睛和大脑定位神经系统确认自己该走哪条路，走到什么位置，而不用时刻去询问别人。

3. 故事内容

在航天科技集团九院的一个车间里，铣工李峰正在工作，尽管此刻在加班加点赶工，但他的每一个动作依然是从容不迫的，如图 2-1 所示。李峰加工的部件是火箭"惯组"中的加速度计。"惯组"是长征七号的重中之重，所以，加速度计就是"惯组"的重中之重。在他的工作模式里，速度不是来自表面的急促紧迫，而是源于每一个工作行为的准确有效。此刻，他对自己的产品依然"吹毛求疵"。在他心里，精益求精已经成为一种信仰。

图 2-1　工匠精神代表人物李峰

"惯组"器件每减少 1 μm 的变形，就能缩小火箭在太空中几千米的轨道误差。1 μm 大约是头发丝直径的 1/70，这是目前人类机械加工技术都难以实现的精度。刀具是决定加工精度的关键。刃口的小缺口，会导致几微米的加工误差，所以必须加以精磨修整。在高倍显微镜下手工精磨刀具是李峰的绝活。李峰磨制刀具时心细如发、探手轻柔，这时他所有的功力都汇聚在双手上。看李峰借助 200 倍的放大镜手工磨刀就会让人明白，为什么工匠的技能被称为"手艺"了。

项目二　固定座加压模具零件数控编程与加工

步骤一　固定座加压模具零件编程与加工任务

项目名称

1. 项目描述

单件或小批量生产固定座加压模具零件，毛坯为 192 mm×192 mm×66 mm 的 6061 铝合金。

要求：设计数控加工工艺方案，编制机械加工工艺卡和数控铣刀具卡，并利用 UG NX 12.0 软件进行零件的程序编制。程序编写完成后进行加工仿真，确认程序无误后利用 VDM850B 数控加工中心加工出合格的零件，经检验合格后入库。

2. 问题导向

(1) 数控加工中心与数控铣床相比，主要区别在哪，有哪些优点？
(2) 单个零件的装夹定位与批量零件的装夹定位有哪些区别？
(3) 针对零件不同的加工区域，数控刀具分别应如何选择？
(4) 零件编程时对切削速度、进给量和背吃刀量的设置应当注意哪些方面？
(5) 在UG NX 12.0软件中针对2D平面和3D曲面的加工，常用的策略有哪些？

项目准备

(1) 每组一张零件图纸，如图2-2所示。

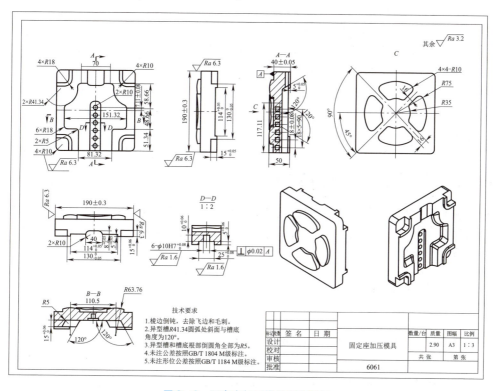

图2-2 固定座加压模具零件图纸

(2) 设备：FANUC 0i 数控系统 VDM850B 数控加工中心。
(3) 刀具：φ21 mm 圆鼻刀，φ10 mm 圆鼻刀，φ16 mm 立铣刀，φ6 mm 立铣刀，R10 mm 球刀。
(4) 量具：0~300 mm 深度游标卡尺，0~250 mm 游标卡尺，万能角度尺，R规。
(5) 工具：平口钳扳手，内六角扳手，活动扳手，垫片，橡胶锤，卫生清洁工具。
(6) 毛坯：192 mm×192 mm×66 mm 的6061铝合金。

项目目标

1. 知识目标

(1) 掌握制订固定座加压模具零件加工工艺方案的方法。
(2) 掌握UG NX 12.0软件编程加工模块的基本操作流程。
(3) 掌握利用UG NX 12.0软件对固定座加压模具零件进行编程的方法。

(4) 掌握常用量具和工具的使用方法。
(5) 熟练掌握数控加工中心的基础操作。

2. 技能目标

(1) 能够读懂零件图纸并正确分析。
(2) 能够根据零件的区域特征合理地选用刀具。
(3) 能够熟练掌握 UG NX 12.0 软件的编程工艺流程。
(4) 能够根据仿真加工结果优化改进加工程序。
(5) 能够在机床上完成工件坐标系 X 轴、Y 轴、Z 轴的建立和对刀操作。
(6) 能够利用数控加工中心进行零件加工。

3. 锻炼与培养目标

(1) 培养学生独立、正确分析零件图纸的能力。
(2) 培养学生独立使用软件编程的能力,并能够对加工过程中出现的问题提出解决方案。
(3) 培养学生独立动手的能力和谨慎的思维。

步骤二　分析固定座加压模具零件图纸

数控加工的一般流程

数控加工的一般流程分为分析图纸;选择合适的加工设备并确认其配置;合理安排装夹方式,确定加工工艺路线;确认切削工具;编写加工程序,确认加工参数;零件首件试切。详细的流程同项目一步骤二。

技术要求分析

1. 毛坯性质

毛坯外形尺寸为 192 mm×192 mm×66 mm,材质为 6061 铝合金。

2. 尺寸公差

零件外形尺寸为 190 mm×190 mm×50 mm,需要保证的尺寸为(190±0.3)mm。
正面需要加工的轮廓:(1) 异型腔,需要保证的尺寸有深度 $15_{\ 0}^{+0.06}$ mm,倾角 120°±0.05°;(2) 宽 25 mm 的 U 形槽,需要保证的尺寸有宽度 $25_{\ 0}^{+0.08}$ mm,深度 $5_{\ 0}^{+0.06}$ mm;(3) 直径 10 mm 的孔,需要保证的尺寸有 $\phi 10H7_{\ 0}^{+0.08}$ mm,深度 $10_{\ 0}^{+0.08}$ mm,(7.11±0.08)mm,间距(18±0.08)mm;(4) 宽 40 mm 的异型槽,需要保证的尺寸为深度 $8_{\ 0}^{+0.05}$ mm;(5) 凸起,需要保证的尺寸有 $114_{\ 0}^{+0.05}$ mm,$130_{\ -0.05}^{\ 0}$ mm,(40±0.05)mm,$5_{\ 0}^{+0.05}$ mm,$15_{\ 0}^{+0.05}$ mm。
反面需要加工的轮廓是圆环外轮廓,该轮廓为自由公差。

3. 表面粗糙度要求

(1) 宽 130 mm 的方型槽表面粗糙度要求为 Ra 6.3 μm;(2) 侧面的表面粗糙度要求为 Ra 6.3 μm;(3) 孔内壁表面粗糙度要求为 Ra 1.6 μm;(4) U 形槽内壁表面粗糙度要求为 Ra 1.6 μm;(5) 其余表面粗糙度要求为 Ra 3.2 μm。

制订加工路线

工序一:采用平口钳装夹零件毛坯面。

(1)使用φ21 mm圆鼻刀粗铣异型腔,底面和侧壁都预留精加工余量。
(2)使用φ16 mm立铣刀精铣所有表面至图纸要求尺寸,保证表面粗糙度要求。
(3)使用φ16 mm立铣刀粗、精铣零件外轮廓,保证图纸尺寸精度要求和表面粗糙度要求。
(4)使用φ10 mm圆鼻铣刀精铣内腔斜侧壁,保证表面粗糙度要求。
(5)使用R10 mm球刀精铣2个R10 mm凹面。
(6)使用φ6 mm立铣刀粗、精铣6个φ10 mm的孔腔。

工序二:采用平口钳装夹工序一已加工的零件外轮廓。
(1)使用φ21 mm圆鼻刀粗铣零件外轮廓。
(2)使用φ10 mm圆鼻刀粗、精铣工件粗加工后的残余。
(3)使用φ10 mm球刀精铣零件的圆弧顶面。

步骤三 制订固定座加压模具零件加工工艺卡

固定座加压模具零件加工工艺卡见表2-1。

表2-1 固定座加压模具零件加工工艺卡

机械加工工序卡片		零件图号	图2-2
		零件名称	固定座加压模具

加工示意图	装夹图	车间	工序号	工序名称	材料牌号
	G54:X、Y四面分中,顶面对刀为Z0.5 mm,零件露出高度不小于42 mm	机加车间	10	数铣	6061
		毛坯尺寸		设备名称	
		192 mm×192 mm×66 mm		数控加工中心	
		第1页		共2页	

工序号	工序内容	加工策略	刀具	刀长/mm	主轴转速/(r·min⁻¹)	进给量/(mm·min⁻¹)	切削深度/mm	余量/mm	量具
10	零件腔体轮廓整体开粗	型腔铣	T2D21R0.8	45	2 600	1 800	0.5	0.3	游标卡尺
20	精铣平面	面铣	T6D16	45	3 000	1 000	0.3	0	游标卡尺
30	精铣外轮廓	平面轮廓铣	T6D16	45	3 000	1 000	1刀	0	深度游标卡尺
40	精铣内腔斜侧壁	深度轮廓铣	T1D10R1	45	4 000	1 600	0.2	0	万能角度尺
50	精铣两处R10 mm圆角	区域轮廓铣	T3B10	45	4 000	1 600	0.2	0	R规
60	粗、精铣6个φ10 mm孔	孔铣	T5D6	30	3 000	600	0.3	0	游标卡尺
编制		电话		审核			日期		

续表

机械加工工序卡片		零件图号	图2-2
		零件名称	固定座加压模具

加工示意图	装夹图	车间	工序号	工序名称	材料牌号
		机加车间	20	数铣	6061
	G54：X、Y四面分中，底面对刀为Z0，零件露出高度不小于20 mm	毛坯尺寸		设备名称	
		192 mm×192 mm×66 mm		数控加工中心	
		第2页		共2页	

工序号	工序内容	加工策略	刀具	刀长/mm	主轴转速/(r·min^{-1})	进给量/(mm·min^{-1})	切削深度/mm	余量/mm	量具
70	粗铣型面	型腔铣	T2D21R0.8	45	2 600	1 800	0.5	0.3	游标卡尺
80	加工粗铣残余	拐角粗加工	T2D21R0.8	30	3 500	2 000	0.5	0.3	游标卡尺
90	精铣平面	面铣	T4D10	30	3 500	1 200	1刀	0	游标卡尺
100	精铣曲面	固定轴轮廓铣	T3B10	30	4 000	1 000	0.2	0	游标卡尺
编制		电话		审核			日期		

步骤四　创建固定座加压模具零件加工程序

知识链接

1. 工件坐标系设置原则

工件坐标系是编程人员在编程时使用的坐标系。编程人员通常选择工件上的某一已知点为坐标系原点（又称编程零点），建立一个新的坐标系，称为工件坐标系。工件坐标系一旦建立便一直有效，直到被新的工件坐标系取代。工件坐标系原点的确定一般是通过对刀实现的。设置工件坐标系原点的一般原则如下。

（1）工件坐标系原点选在工件图样的尺寸基准上，这样可以直接用图样标注的尺寸作为编程点的坐标值，以减少计算工作量和错误。

（2）工件坐标系原点的设置位置能使工件方便地装夹、测量和检验。

（3）工件坐标系原点尽量选在尺寸精度较高、表面粗糙度比较小的工件表面上，以提高加工精度并保证同一批零件的一致性。

（4）对称零件或以同心圆为主的零件，工件坐标系原点应选在对称中心线或圆心上。工件坐标系原点通常设置在工件内外轮廓的某一个角上。

（5）Z轴的编程零点通常选在工件的上表面。

（6）对于形状复杂的零件，需要编制几个程序或子程序。为了编程方便和减少多个坐标值的计算，编程零点不一定设在工件坐标系原点上，而设在便于程序编制的位置。

2. 确定固定座加压模具零件工件坐标系

正面加工时以毛坯上表面中心为坐标系原点,如图2-3(a)所示。
反面加工时以毛坯下表面中心为坐标系原点,如图2-3(b)所示。

(a)

(b)

图2-3 确定固定座加压模具零件工件坐标系
(a)正面加工时工件坐标系;(b)反面加工时工件坐标系

3. UG NX 12.0软件剩余铣

创建工序流程。

"剩余铣"由系统对当前残余进行自动计算,可以通过模型与毛料之间的差别及刀具主轴方向进行计算,也可以在正常编程完成后用这个命令进行零件编程自查,查看是否有未加工到的地方。

(1)单击"创建工序"按钮,打开"创建工序"对话框,在"工序子类型"选项组中选择"剩余铣"选项,变更刀具、几何体参数,并对工序命名,单击"确定"按钮,如图2-4(a)所示。

(2)打开"剩余铣"对话框,单击"指定切削区域"按钮,在视图中选取需要加工的面,如果是开粗则可以不指定"切削区域",程序会根据当前残余进行计算,单击"确定"按钮完成设置,如图2-4(b)所示。

(3)在"剩余铣"对话框"刀轴"选项组的"轴"列表中选择"+ZM轴"选项。

(4)在"剩余铣"对话框的"刀轴设置"选项组中设置"切削模式",使用立铣刀的时候通常选择"跟随部件"或"跟随周边"选项,如果使用球头刀加工曲面或斜面,通常选择"单向"或"往复"选项。

(5)立铣刀加工平面时"步距"设置为"%刀具平直","平面直径百分比"一般设置为50。球头刀加工曲面或斜面时"步距"通常设置为"残余高度小于0.1 mm"。

(6)每刀切削深度可以在"剩余铣"对话框中设置,或者单击"切削层"按钮,打开"切削层"对话框。将"类型"设置为"用户定义"或"自动";将"每刀切削深度"设置为"公共",即每刀切削相同的深度;其他采用默认设置,单击"确定"按钮完成设置。

(7)单击"切削参数"按钮,打开"切削参数"对话框。在"策略"选项卡中设置"切削顺序"为"深度优先";在"余量"选项卡中设置"部件余量"参数,粗铣余量根据实际情况或工艺卡进行设置,精铣为0,单击"确定"按钮完成设置,如图2-4(c)所示。

(8)单击"非切削移动"按钮,打开"非切削移动"对话框,在"转移/快速"选项卡的"安全设置"选项组中设置"安全设置选项"为"平面"。单击"指定平面对话框"按钮,打开"平面"对话框,将"类型"设置为"按某一距离",选取零件的上表面,"距离"设置为10 mm。如果有夹具,需根据实际情况调整安全平面,单击"确定"按钮完成设置。

(9)单击"进给率和速度"按钮,根据刀具直径,设置对应的刀具转速与进给率,完成后单击右侧计算器按钮,单击"确定"按钮完成设置,如图2-4(d)所示。

(10)在"剩余铣"对话框中的"操作"选项组中单击"生成"按钮,生成刀轨。

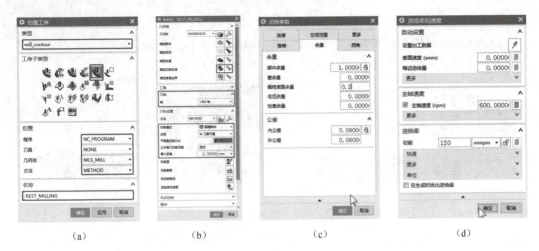

图 2-4　固定座加压模具零件加工创建工序流程

(a)"创建工序"对话框；(b)"剩余铣"对话框；(c)"切削参数"对话框；(d)"进给率和速度"对话框

固定座加压模具零件正面加工程序创建步骤

1. 进入 UG NX 12.0 软件的加工模块

选择"应用模块"→"加工"选项，打开"加工环境"对话框，在"CAM 会话配置"列表中选择 cam_general 选项；在"要创建的 CAM 组装"列表中选择 mill_planar 选项，单击"确定"按钮，进入加工环境，如图 2-5 所示。

进入 UG 软件、创建坐标系和几何体

图 2-5　固定座加压模具零件正面加工模块

2. 创建坐标系

选择"创建几何体"→"创建坐标系 MCS 铣削"选项，打开"MCS 铣前"对话框如图 2-6

所示,设置工件坐标系原点,选取零件上表面。安全平面是方便后续工序中抬刀可以设置到安全平面,快速移刀时会先移动到安全平面。如果有夹具,需要注意安全平面高度。

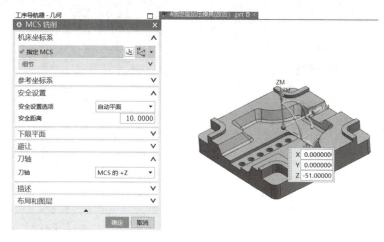

图 2-6　固定座加压模具零件正面加工创建坐标系

3. 创建几何体

在"工件"对话框中单击"选择和编辑部件几何体"按钮,打开"部件几何体"对话框,选择待加工零件,单击"确定"按钮。

在"工件"对话框中单击"选择和编辑毛坯几何体"按钮,打开"毛坯几何体"对话框,选择"包容块"选项,设置相关参数后,连续单击"确定"按钮,如图 2-7 所示。(上表面余量为 1 mm,为了去除表面氧化层;下表面余量为 15 mm,作为装夹使用;其余各表面余量为 1 mm。)

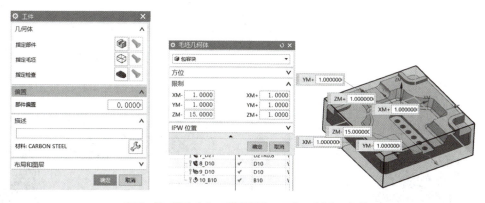

图 2-7　固定座加压模具零件正面加工创建几何体

4. 创建刀具

在机床视图界面创建 ϕ21R0.8 mm 圆鼻刀、ϕ16 mm 立铣刀、ϕ6 mm 立铣刀、ϕ10 mm 平底刀、ϕ10R1 mm 圆鼻刀、ϕ10 mm 球刀,并分别标注刀号。

选择"主页"→"刀片"→"创建刀具"选项,打开"创建刀具"对话框。在"类型"下拉列表中选择 mill_contour 选项;在"刀具子类型"选项组中选择 mill 选项,输入刀具名称。设置刀具对应的直径、下半径、刀刃长度、刀具号等参数,单击"确定"按钮完成设置,如图 2-8 所示。

创建刀具

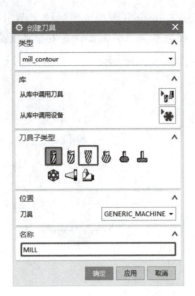

图 2-8　固定座加压模具零件正面加工创建刀具

5. 创建工序

固定座加压模具零件正面加工工序见表 2-2。

表 2-2　固定座加压模具零件正面加工工序

工序号	工序名称	操作步骤	操作视频
10	零件腔体轮廓整体开粗	使用型腔铣 CAVITY_MILL 策略对零件整体开粗，不需要指定切削区域，刀具选择 D21R0.8 圆鼻刀，在"切削层"对话框设置"每刀切削深度"为 0.5 mm，范围定义选择零件底面平面，在"切削参数"对话框设置余量为 0.3 mm，转速为 2 600 r/min，进给率为 1 800 mm/min 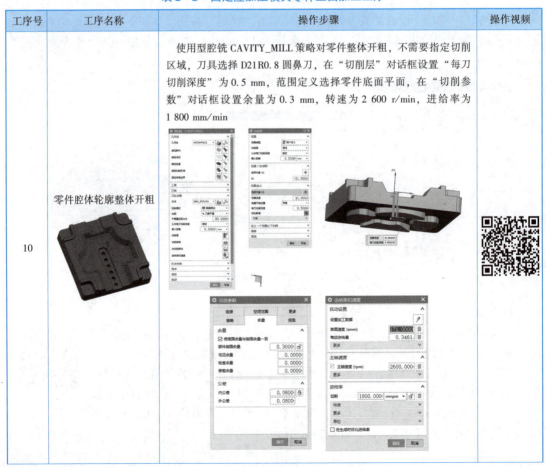	

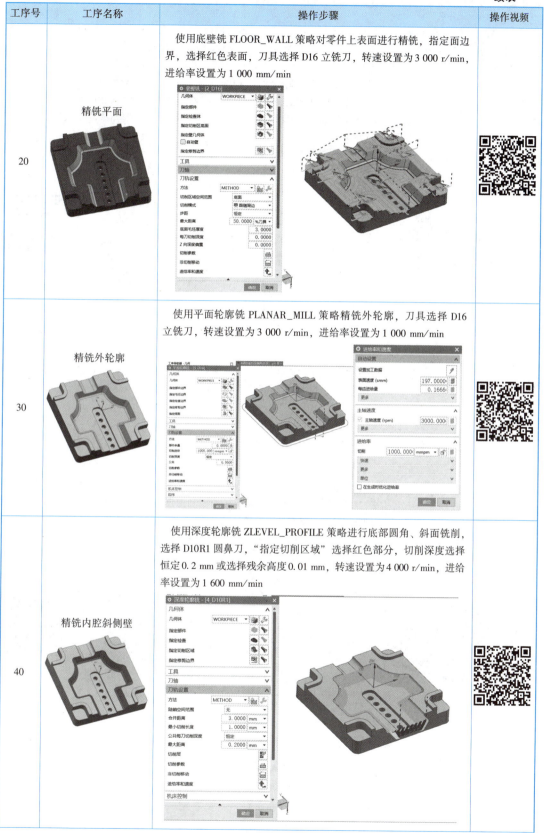

续表

工序号	工序名称	操作步骤	操作视频
50	精铣两处 R10 mm 圆角	使用固定轮廓铣 CONTOUR_AREA 策略，指定红色区域为切削区域，单击"驱动方法"按钮，选择"区域右侧"选项，选择 B10 球刀，确定进给率和速度，切削转速设置为 4 000 r/min，进给率设置为 1 600 mm/min	
60	粗、精铣 6 个 φ10 mm 孔	使用孔铣 HOLE_MILLING 策略，先选择孔，调整轴向、径向参数，然后选择 D6 立铣刀，确定进给率和速度，切削转速设置为 3 000 r/min，进给率设置为 600 mm/min	

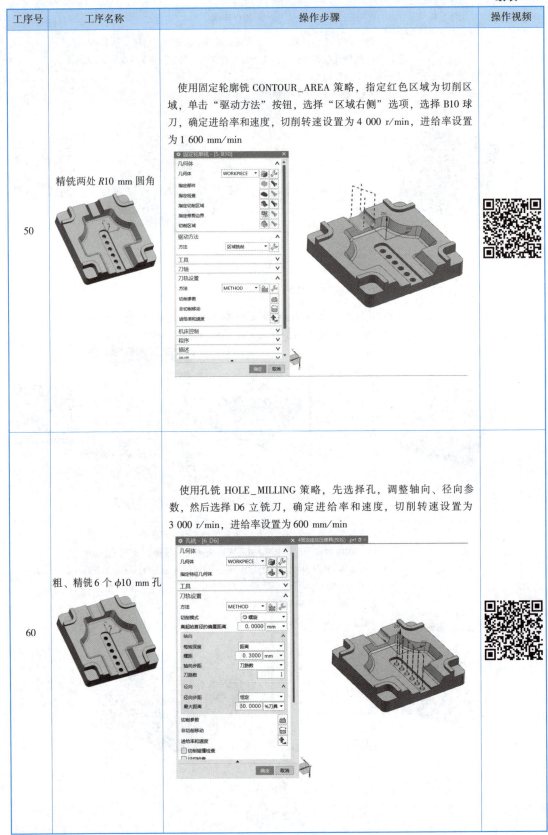

6. 生成刀路轨迹并确认

固定座加压模具零件正面加工刀路轨迹见表2-3。

表2-3 固定座加压模具零件正面加工刀路轨迹

工序号	工序名称	操作步骤	刀轨确认	操作结果	动画演示（演示刀具切削过程）
10	零件腔体轮廓整体开粗	选择对应的工序生成刀轨，选择"确认刀轨"选项，观看相关动画，并仔细观察是否有未加工或过切位置 		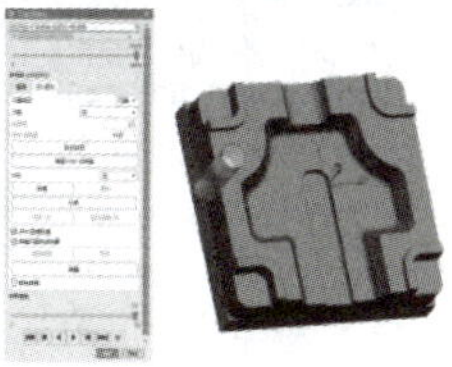	
20	精铣平面		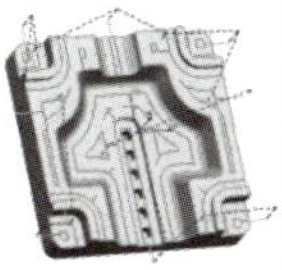	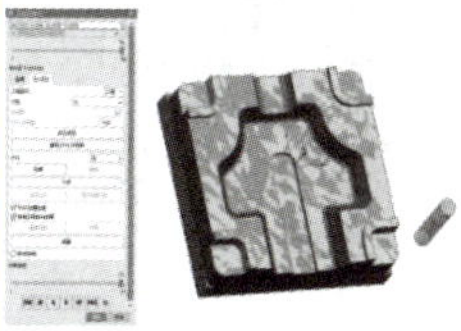	
30	精铣外轮廓		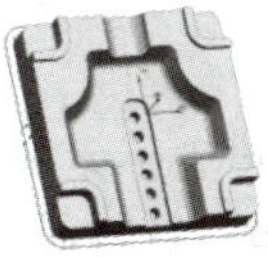	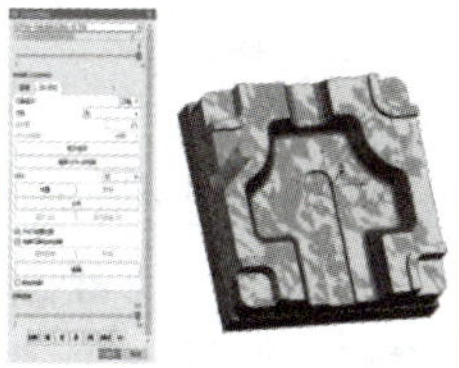	
40	精铣内腔斜侧壁			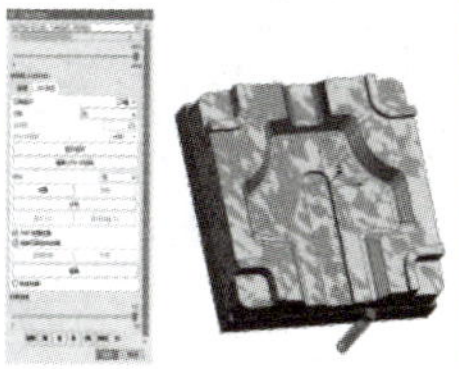	
50	精铣两处 $R10$ mm 圆角			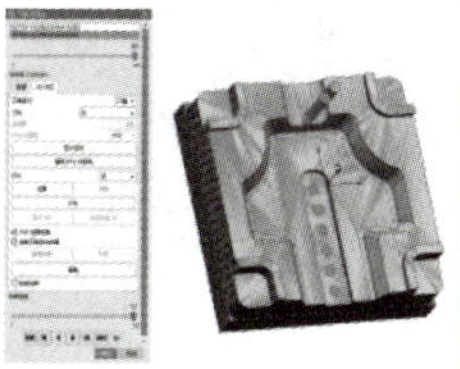	
60	粗、精铣6个 $\phi 10$ mm 孔			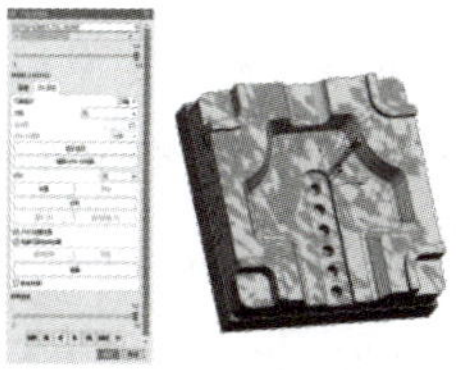	

项目二　固定座加压模具零件数控编程与加工

7. 生成后处理文件

选择需要的程序,如果是加工中心,可以一次性选择文件夹里的所有工序,生成后处理文件。选择"主页"→"工序"→"后处理"选项,在打开的"后处理"对话框中选择 MILL_3_AXIS 选项,选择需要保存的位置,单击"确定"按钮完成操作,如图 2-9 所示。

生成后处理文件

图 2-9 固定座加压模具零件正面加工生成后处理文件

固定座加压模具零件反面加工程序创建步骤

1. 创建坐标系

选择"创建几何体"→"创建坐标系 MCS"选项,打开 MCS 对话框,如图 2-10 所示,设置工件坐标系原点。复制正面加工工序的工件坐标系,Z 轴旋转 180°,调整坐标轴位置,确保 X 轴、Y 轴、Z 轴的方向与实际工件坐标系的方向一致。

创建反面坐标系与几何体

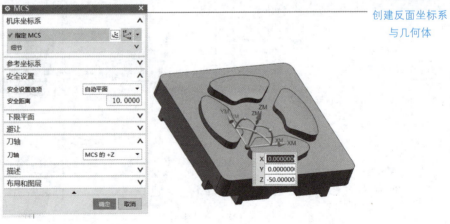

图 2-10 固定座加压模具零件反面加工创建坐标系

2. 创建几何体

将固定座加压模具零件正面加工工序仿真后的结果创建为 IPW 过程工件,当作该反面加工工序的毛坯几何体使用。注意在选择毛坯时,过滤器要选择"小平面体"选项,如图 2-11 所示。

图2-11 固定座加压模具零件反面加工创建几何体

3. 创建工序

固定座加压模具零件反面加工工序见表2-4。

表2-4 固定座加压模具零件反面加工工序

工序号	工序名称	操作步骤	操作视频
70	粗铣型面	使用型腔铣策略粗铣上表面,无需指定切削区域,刀具选择D21R0.8圆鼻刀,在"切削层"对话框中设置"每刀切削深度"为0.5 mm,范围定义选择零件底面平面,在"切削参数"对话框中设置余量为0.3 mm,转速为2 600 r/min,进给率为1 800 mm/min	
80	加工粗铣残余	使用拐角粗加工策略,需要注意的是要调整参考刀具,参考刀具选择D21R0.8。陡峭空间范围选择"无"选项,调整"每刀切削深度"为恒定,最大距离为0.5 mm,余量调整为0.3 mm	

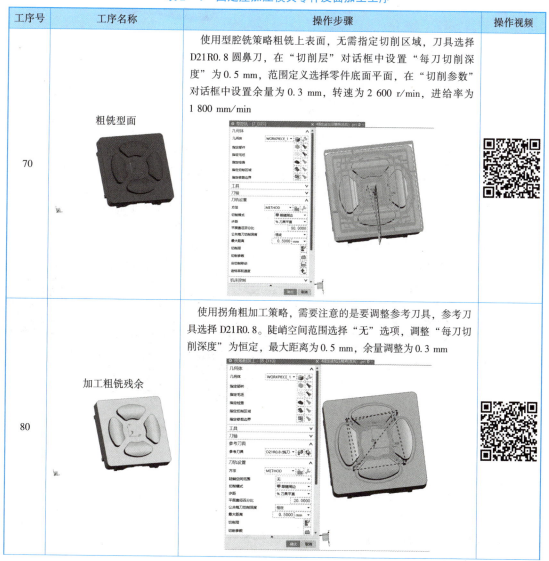

项目二 固定座加压模具零件数控编程与加工

续表

工序号	工序名称	操作步骤	操作视频
90	精铣平面	使用底壁铣策略,"指定部件边界"选择上表面红色区域,刀具选择 D10,转速设置为 3 500 r/min,进给率设置为 1 200 mm/min,切削层恒定 0.5 mm,加工深度 25 mm	
100	精铣曲面	使用固定轮廓铣 CONTOUR_AREA 策略,"指定部件边界"选择上表面红色区域,单击"驱动方法"按钮,选择"区域右侧"选项进入区域铣削驱动方法界面,最大步距设置为 0.2 mm,刀具选择 B10 球刀,转速设置为 4 000 r/min,进给率设置为 1 000 mm/min,加工深度 20 mm	

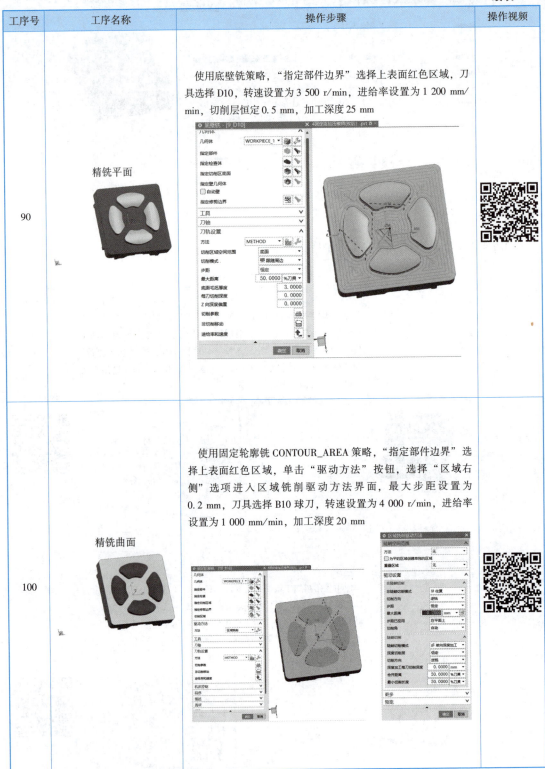

4. 生成刀路轨迹并确认

固定座加压模具零件反面加工刀路轨迹见表 2-5。

表2-5 固定座加压模具零件反面加工工序生成刀轨并确认

工序号	工序名称	操作步骤	刀轨确认	操作结果	动画演示（演示刀具切削过程）
70	粗铣型面	选择对应的工序生成刀轨，选择"确认刀轨"选项，观看相关动画，并仔细观察是否有未加工或过切位置			
80	加工粗铣残余	^			
90	精铣平面				
100	精铣曲面				

5. 生成后处理文件

在"程序顺序"视图中选择需要的加工策略所在的文件夹，选择"主页"→"工序"→"后处理"选项，在打开的"后处理"对话框中选择MILL_3_AXIS选项，选择需要保存的位置，单击"确定"按钮完成操作，如图2-12所示。

生成后处理文件

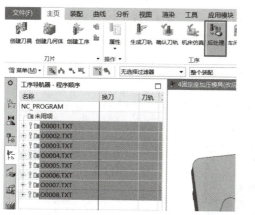

图2-12 固定座加压模具零件反面加工生成后处理文件

项目二 固定座加压模具零件数控编程与加工

步骤五　模拟仿真实践

程序编制完成后，利用仿真软件对固定座加压模具零件进行仿真加工操作，见表2-6。

表2-6　固定座加压模具零件仿真加工操作

操作名称	操作步骤	视频演示
打开项目	打开软件，选择"打开项目"选项，选择设置好参数的机床。为方便观察与操作，选择双屏 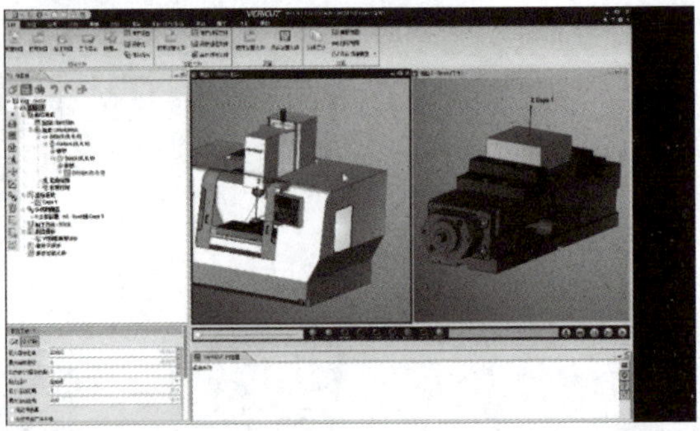	
设置毛料	单击"模型"按钮，在"毛坯类型"选项中，选择"立方块"选项，并设置毛坯长宽高分别为192，192，66 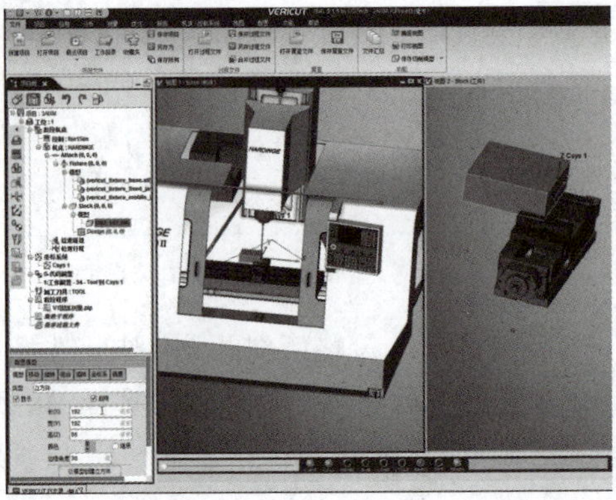	
装夹毛料	在工件视图中选择"虎钳口"选项，在配置模型中选择"移动"选项，设置为5 mm移动，并移动到合适位置，其中3个0分别代表X、Y、Z三轴的移动距离 选择"虎钳口"选项，在配置模型中选择"组合"→"配对右边箭头"→"毛料与虎钳口"选项。需要注意的是，如果想让虎钳口在配对中移动，就选择"虎钳口"→"配对"选项；如果想让毛料移动，就选择"毛料"→"虎钳口"选项，最后需要调整毛料的X向、Z向 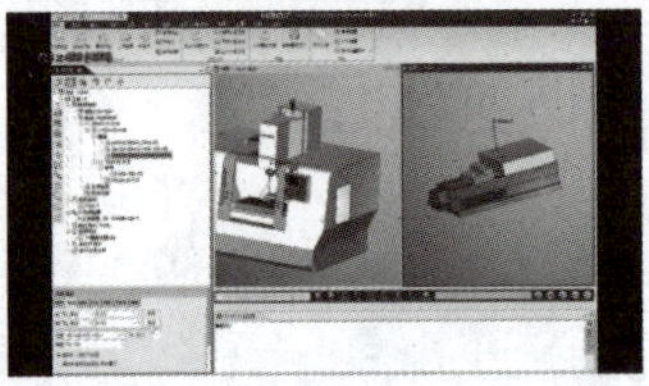 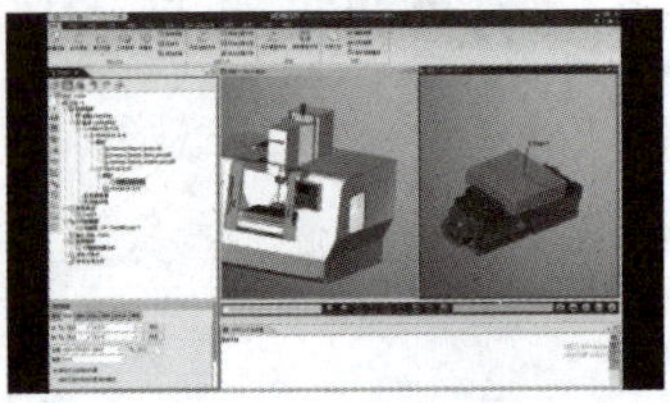	

续表

操作名称	操作步骤	视频演示
设置坐标系	选择坐标系统 Csys1，将坐标系原点设置在零件上表面中心位置	
设置加工刀具	双击加工刀具，先选择需要创建的刀具类型，在弹出的刀具数据界面中调整对应的刀长、刃长、直径、露出长度等参数；再根据实际情况设置刀柄直径，依次创建6把刀具 T1D10R1，T2D21R0.8，T3B10，T4D10，T5D6，T6D16	
添加数控程序	右击"数控程序"选项，在弹出的菜单中选择"添加数控程序"选项，或者右击已有程序，在弹出的菜单中选择"代替"选项。根据UG软件生成的NC代码，添加对应程序，右击要添加的程序，在弹出的菜单中选择"启用"选项，被启用的程序，就是本次进行仿真的程序	

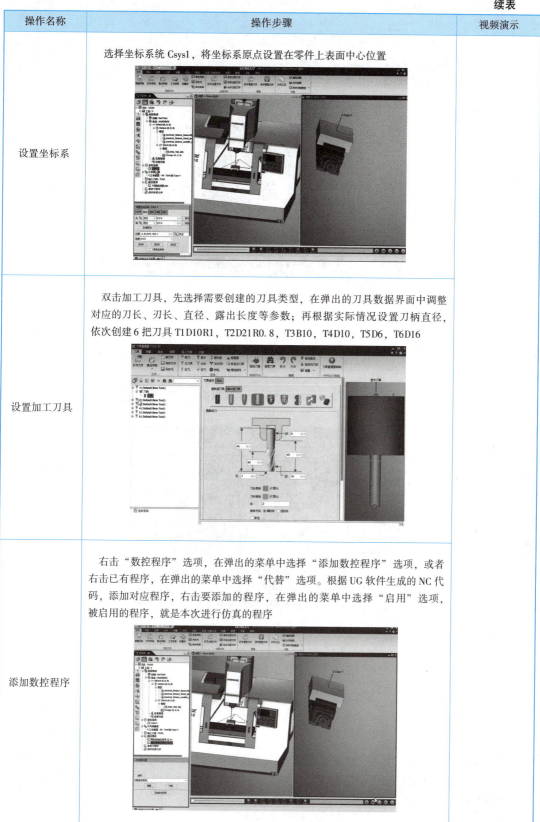

项目二 固定座加压模具零件数控编程与加工

续表

操作名称	操作步骤	视频演示
仿真模拟	选择需要模拟的程序，单击 ▶ 按钮，软件开始进行仿真模拟加工。根据需要调整播放速度	
翻面仿真模拟	复制工位，单击空白位置，右击，在弹出的菜单中选择"粘贴"选项；单击机床，选择毛料单击 ▶ 按钮。调整刀具反面模拟状态；选择配置模型中的选项，选择旋转中心为工件坐标系原点，增量设置为180，选择 X 轴进行旋转；调整虎钳口位置，夹紧零件；调整坐标系位置，启用对应程序，单击 ▶ 按钮，进行翻面后的仿真模拟	

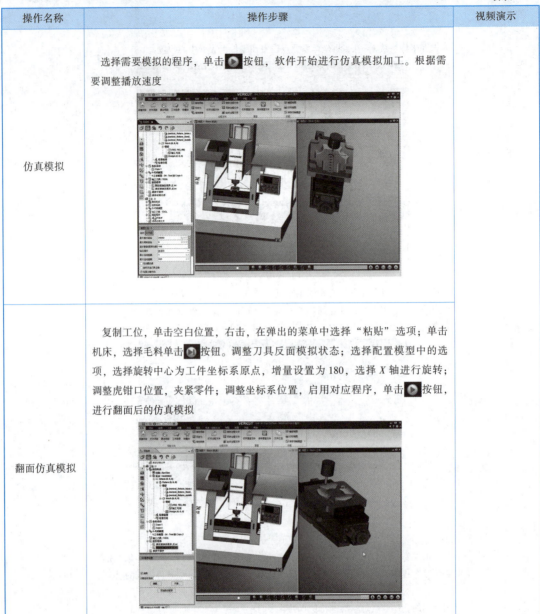

步 骤 六　完成零件加工

1. 工件安装

将垫铁置于零件毛坯下方，装夹零件到机床工作台的精密虎钳口上，用手锤敲击零件上表面，使其底面与垫铁和虎钳口贴实、夹紧，如图 2-13 所示。保证零件露出高度不小于 42 mm。

固定座加压模具
编程与加工任务
及检测

图 2-13 固定座加压模具零件加工工件安装

2. 刀具安装

把刀具安装到刀柄上并锁紧,移动主轴到安全位置,根据需要实行自动换刀,把对应刀具换到主轴上。左手握住刀柄,右手食指按住换刀开关,卸下旧刀具;按住换刀开关,把新刀具的凹槽对准主轴上的凸起,向上推送,将新刀具安装在主轴上;右手松开换刀开关,左手缓慢松开,转动主轴观察是否安装牢固,如图 2-14 所示。

根据刀号将 $\phi 10R1$ mm 圆鼻刀、$\phi 21R0.8$ mm 立铣刀、$\phi 10$ mm 球刀、$\phi 10$ mm 立铣刀、$\phi 6$ mm 立铣刀、$\phi 16$ mm 立铣刀依次装入指定刀位。

图 2-14 固定座加压模具零件加工刀具安装

3. 对刀

试切法对刀。

(1) 分中对刀法。利用刀具对零件左右两侧进行试切,记录两侧切削位置的坐标值,两侧坐标值相加除以 2 后就是零件中心坐标值。采用试切法对刀完成 X 向、Y 向对刀,如图 2-15 (a) 所示。

(2) 刀具切削零件上表面,当刚刚出现飞屑时,记录 Z 坐标值。在刀偏表内设置 Z 向刀具高度,完成 Z 向对刀,如图 2-15 (b) 所示。

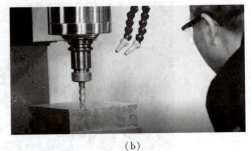

(a) (b)

图2-15 固定座加压模具零件加工对刀

(a) X向、Y向对刀;(b) Z向对刀

4. 自动加工

将刀具移动到安全位置,选择对应的程序,将机床调整到自动状态,单击"循环启动"按钮,直至加工结束,如图2-16所示。

图2-16 固定座加压模具零件自动加工

5. 尺寸检测

按图纸要求,利用游标卡尺和千分尺检测零件外径、长度及倒角尺寸,如图2-17所示。

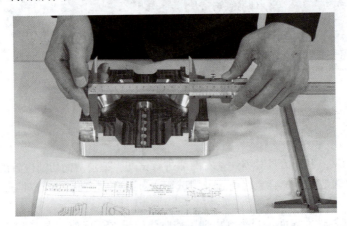

图2-17 固定座加压模具零件加工尺寸检测

步骤七　零件精度检测与评价

1. 职业素质考核

职业素质考核评价标准见表2-7。

表2-7　职业素质考核评价标准

考核项目		考核内容	配分/分	扣分/分	得分/分
加工前准备	纪律	服从安排、清扫场地等。违反一项扣1分	2		
	安全生产	安全着装、按规程操作等。违反一项扣1分	2		
	职业规范	机床预热，按照标准进行设备点检。违反一项扣1分	4		
加工操作过程	打刀	每打一次刀扣2分	4		
	文明生产	工具、量具、刀具定置摆放，工作台面整洁等。违反一项扣1分	4		
	违规操作	用砂布、锉刀修饰，锐边没倒钝或倒钝尺寸太大等没按规定的操作行为，扣1~2分	4		
加工结束后设备保养	清洁、清扫	清理机床内部的铁屑，确保机床表面各位置的整洁，清扫机床周围的卫生，做好设备的保养。违反一项扣1分	4		
	整理、整顿	工具、量具的整理与定置管理。违反一项扣1分	2		
	素养	严格执行设备的日常点检工作。违反一项扣1分	4		
出现撞机床或工伤事故		出现撞机床或工伤事故整个测评成绩记0分			
合计			30		

2. 评分标准及检测报告

评分标准及检测报告见表2-8。

表2-8　评分标准及检测报告

序号	检测项目	检测内容	检测要求	配分/分	学员自测尺寸	教师评价 得分/分	教师评价 检测结果
1	异型腔	$15^{+0.06}_{0}$ mm	超差不得分	5			
2		$120°±0.05°$	超差不得分	5			
3	宽25 mm的U形槽	$25^{+0.08}_{0}$ mm	超差不得分	5			
4		$5^{+0.06}_{0}$ mm	超差不得分	5			
5	ϕ10 mm的孔	$\phi 10H7^{+0.08}_{0}$ mm	超差不得分	10			
6		$10^{+0.06}_{0}$ mm	超差不得分	5			
7		$(7.11±0.08)$ mm	超差不得分	5			
8		$(18±0.08)$ mm	超差不得分	5			
9	宽40 mm的异型槽	$8^{+0.05}_{0}$ mm	超差不得分	5			

续表

序号	检测项目	检测内容	检测要求	配分/分	学员自测尺寸	教师评价 得分/分	检测结果
10	凸起	$114^{+0.05}_{0}$ mm	超差不得分	5			
11		$130^{0}_{-0.05}$ mm	超差不得分	5			
12		(40 ± 0.05) mm	超差不得分	3			
13		$5^{+0.05}_{0}$ mm	超差不得分	2			
14		$15^{+0.05}_{0}$ mm	超差不得分	5			
合计				70			

3. 在线答题

扫描下方二维码进行答题。

课前小故事

1. 名言警句
对于别人来说是"故事",对于当事人来说是"事故"。

2. 故事背景
在某高校铣床实习即将结束时,指导教师要求学生停车清理工作现场,但某位学生工作积极性高,想再赶一件活。

3. 故事内容
当用两把三面刃铣刀自动走刀铣一个铜件台阶时,本应用毛刷清除碎切屑,该同学心急求快,用戴着手套的手去拨抹切屑,手套连同手一起被绞了进去。虽然指导教师及时切断了电源,但是该同学的中指已被切掉 1 cm,造成了终身遗憾。

该同学未按照指导教师要求进行实习,并且在工作中违反了"严禁戴手套操作"和"严禁用手清除切屑"等安全操作规程,如图 3-1 所示,造成了不该发生的人身伤害事故。

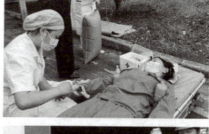

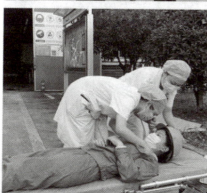

图 3-1 违反安全操作规程案例

项目三　连接板零件数控编程与加工

步骤一　连接板零件编程与加工任务

项目名称

1. 项目描述

单件或小批量生产连接板零件,毛坯为 305 mm×210 mm×37 mm 的 6061 铝合金。

要求:设计数控加工工艺方案,编制机械加工工艺卡和数控铣刀具卡,并利用 UG NX 12.0 软件进行零件的程序编制。程序编写完成后进行加工仿真,确认程序无误后利用 VDM850B 数控加工中心加工出合格的零件,检验合格后入库。

2. 问题导向

(1) 针对该零件不同的加工部位,数控刀具该怎样选择?

(2) UG NX 12.0 软件中的自动编程"平面铣"策略如何使用,策略中的"切削参数"如何设置?

(3) 刀具半径、刀具长度和刀具补偿号在 UG 软件中是如何设置的?

(4) 在 UG NX 12.0 软件中,常用的轮廓开粗命令有哪些?

(5) 在工厂实际生产过程中,零件首件试切的作用有哪些?

(6) 工件坐标系确立的原则有哪些?

(7) 在安装零件过程中,使用橡胶锤敲击工件的目的是什么?

项目准备

(1) 每组一张零件图纸,如图 3-2 所示。

(2) 设备:FANUC 0i 数控系统 VDM850B 数控加工中心。

(3) 刀具:ϕ63 mm 面铣刀,ϕ16 mm 立铣刀,ϕ10R1 mm 圆鼻刀,ϕ40 mm 精镗刀。

(4) 量具:0~300 mm 深度游标卡尺,0~250 mm 游标卡尺,40~50 mm 内径千分尺,0~200 mm 深度游标卡尺,R 规,角度尺。

(5) 工具:平口钳扳手,内六角扳手,活动扳手,垫片,橡胶锤,卫生清洁工具。

(6) 毛坯:305 mm×210 mm×37 mm 的 6061 铝合金。

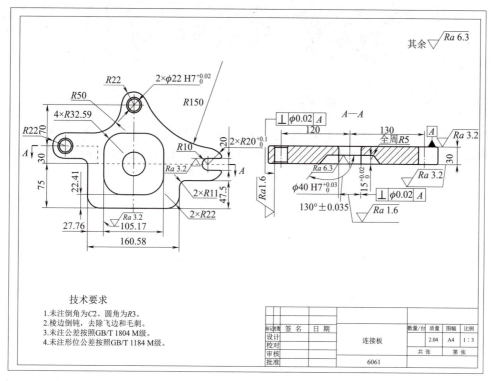

图 3-2 连接板零件图纸

1. 知识目标

(1) 掌握制订连接板零件加工工艺及工序方案的方法。
(2) 掌握机床工件坐标系的设定原则。
(3) 掌握 UG NX 12.0 软件编程加工模块的基本操作流程。
(4) 掌握利用 UG NX 12.0 软件对连接板零件进行编程的方法。
(5) 掌握 Vericut 仿真软件的操作流程。

2. 技能目标

(1) 能够正确在机床上安装工件和刀具。
(2) 能够在数控加工中心快速准确地设定工件坐标系。
(3) 能够根据 Vericut 仿真结果优化加工程序。
(4) 能够利用数控加工中心进行零件加工。
(5) 能够利用测量工具对加工零件进行检测。

3. 锻炼与培养目标

(1) 培养学生勤奋努力的学习态度及严谨的工作作风。
(2) 培养学生良好的职业规范、操作习惯和工程意识。
(3) 培养学生科学的思维方法和创新意识。
(4) 培养学生的团队协作能力。
(5) 培养学生发现问题并解决问题的能力。

步骤二　分析连接板零件图纸

数控加工的一般流程

数控加工的一般流程分为分析图纸；选择合适的加工设备并确认其配置；合理安排装夹方式，确定加工工艺路线；确认切削工具；编写加工程序，确认加工参数；零件首件试切。详细的流程同项目一步骤二。

技术要求分析

1. 毛坯性质

毛坯外形尺寸为 305 mm × 210 mm × 37 mm，材质为 6061 铝合金。

2. 尺寸公差

零件外形尺寸为 275 mm × 186 mm × 30 mm，该轮廓为自由公差。

正面需要加工的轮廓：(1) 边长为 105.17 mm、深为 15 mm、倾角为 130°的型腔，需要保证的尺寸为 $15_{\ 0}^{+0.02}$ mm，130°±0.03°；(2) 直径为 40 mm 的孔，需要保证的尺寸为 $\phi40H7_{\ 0}^{+0.03}$ mm；(3) 两个直径为 22 mm 的孔，需要保证的尺寸为 $\phi22H7_{\ 0}^{+0.02}$ mm；(4) U 形插口，需要保证的尺寸为 $20_{\ 0}^{+0.1}$ mm。

反面需要加工的轮廓为零件上表面，保证零件厚度为 (30±0.05) mm。

3. 表面粗糙度要求

(1) 连接板上下底面表面粗糙度要求为 Ra 3.2 μm；(2) 直径为 40 mm 的孔内壁表面粗糙度要求为 Ra 1.6 μm；(3) 直径为 22 mm 的孔内壁表面粗糙度要求为 Ra 1.6 μm；(4) 内腔底面表面粗糙度要求为 Ra 6.3 μm；(5) U 形插口表面粗糙度要求为 Ra 3.2 μm；(6) 其余表面粗糙度要求为 Ra 6.3 μm。

制订加工路线

工序一：采用平口钳装夹零件毛坯面。

(1) 使用 D63 盘铣刀粗、精铣零件上表面，保证 Ra 3.2 μm 的表面粗糙度要求。
(2) 使用 D16 立铣刀对零件进行整体开粗，留余量。
(3) 使用 D16 立铣刀粗、精铣 $\phi22$ mm 的孔，保证其表面粗糙度和尺寸公差要求。
(4) 使用 D16 立铣刀精铣零件外轮廓，保证其表面粗糙度和尺寸公差要求。
(5) 使用 D10R1 圆鼻刀精铣中间内腔。
(6) 使用 D10R1 圆鼻刀精加工外轮廓 R 角及精铣两个 $\phi22$ mm 孔上方倒角。
(7) 使用 D40 精镗刀精镗 $\phi40$ mm 孔，保证其表面粗糙度和尺寸公差要求。

工序二：采用平口钳装夹工序一已加工的零件外轮廓。

使用 D63 盘铣刀粗、精铣零件上表面，保证零件厚度。

步骤三 制订连接板零件加工工艺卡

连接板零件加工工序卡见表3-1。

表3-1 连接板零件加工工艺卡

机械加工工序卡片		零件图号		图3-2	
		零件名称		连接板	
加工示意图	装夹图	车间	工序号	工序名称	材料牌号
		机加车间	10	数铣	6061
	G54:X、Y四面分中,毛坯顶面对刀为Z0.5 mm,零件露出高度不小于31 mm	毛坯尺寸		设备名称	
		305 mm×210 mm×37 mm		数控加工中心	
		第1页		共2页	

工序号	工序内容	加工策略	刀具	刀长/mm	主轴转速/(r·min^{-1})	进给量/(mm·min^{-1})	切削深度/mm	余量/mm	量具
10	粗铣零件上表面	平面轮廓铣	T1D63	15	600	120	1	0.3	游标卡尺
20	精铣零件上表面	平面轮廓铣	T1D63	10	1 000	200	0.3	0	游标卡尺
30	零件整体开粗	型腔铣	T2D16	40	2 400	1 500	0.5	0.3	游标卡尺
40	粗、精铣φ22 mm的孔	孔铣	T2D16	40	3 000	600	0.4	0	游标卡尺
50	精加工外轮廓	平面轮廓铣	T2D16	40	2 400	1 000	0.3	0	游标卡尺
60	精加工中间内腔	深度轮廓铣	T3D10R1	40	4 000	1 500	0.2	0	游标卡尺
70	精加工外轮廓R角	深度轮廓铣	T3D10R1	40	4 000	1 500	0.2	0	R规
80	精铣两个φ22 mm孔上方倒角	深度轮廓铣	T3D10R1	40	4 000	1 500	0.25	0	角度尺
90	精镗中间φ40 mm孔	定心钻	T4D40	40	2 000	1 000	1	0.3	内径千分尺
编制		电话		审核			日期		

机械加工工序卡片		零件图号		图3-2	
		零件名称		连接板	
加工示意图	装夹图	车间	工序号	工序名称	材料牌号
		机加车间	20	数铣	6061
	G54:X、Y四面分中,零件底面对刀为Z0,零件露出高度不小于35 mm	毛坯尺寸		设备名称	
		305 mm×210 mm×37 mm		数控加工中心	
		第2页		共2页	

续表

机械加工工序卡片					零件图号		图 3-2		
					零件名称		连接板		
工序号	工序内容	程序名	刀具	刀长/mm	主轴转速/(r·min⁻¹)	进给量/(mm·min⁻¹)	切削深度/mm	余量/mm	量具
100	粗铣反面	O2002;	T1D63	15	600	120	2	0.3	游标卡尺
110	精铣反面	O2002;	T1D63	15	1 000	200	0.3	0	游标卡尺
编制		电话		审核			日期		

步骤四 创建连接板零件加工程序

知识链接

1. 工件坐标系确立原则

工件坐标系是编程人员在编程时使用的坐标系。编程人员选择工件上的某一已知点为原点（又称编程零点），建立一个新的坐标系，称为工件坐标系。工件坐标系一旦建立便一直有效，直到被新的工件坐标系取代。工件坐标系原点的确定一般通过对刀实现。设置工件坐标系原点的一般原则如下。

（1）工件坐标系原点选在工件图样的尺寸基准上，这样可以直接用图样标注的尺寸作为编程点的坐标值，以减少计算工作量和错误。

（2）工件坐标系原点的设置位置能使工件方便装夹、测量和检验。

（3）工件坐标系原点尽量选在尺寸精度较高、表面粗糙度比较小的工件表面上，以提高加工精度并保证同一批零件的一致性。

（4）对称零件或以同心圆为主的零件，工件坐标系原点应选在对称中心线或圆心上。工件坐标系原点通常设置在工件内外轮廓的某一个角上。

（5）Z 轴的编程零点通常选在工件的上表面。

（6）对于形状复杂的零件，需要编制几个程序或子程序。为了编程方便和减少坐标值的计算，编程零点不一定设在工件坐标系原点上，而设在便于程序编制的位置。

2. 确定连接板零件工件坐标系

正面加工时以毛坯上表面中心为坐标系原点，如图 3-3（a）所示。

反面加工时以毛坯上表面中心为坐标系原点，如图 3-3（b）所示。

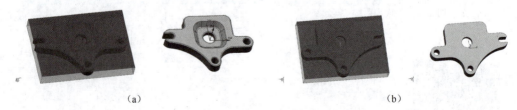

(a)　　　　　　　　　　　　　　(b)

图 3-3　确定连接板零件工件坐标系

(a) 正面加工时工件坐标系；(b) 反面加工时工件坐标系

3. UG NX 12.0 软件深度轮廓铣

创建工序流程，如图3-4所示。

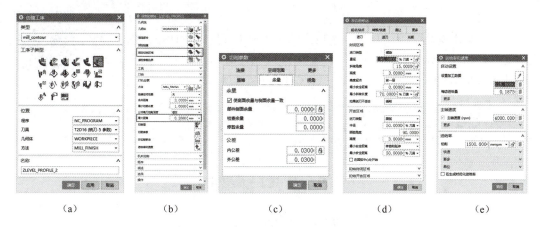

图3-4 连接板零件加工创建工序流程

(a)"创建工序"对话框；(b)"深度轮廓铣"对话框；(c)"切削参数"对话框；
(d)"非切削移动"对话框；(e)"进给率和速度"对话框

(1) 单击"创建工序"按钮，打开"创建工序"对话框，在"类型"下拉列表中选择 mill_contour 选项，在"工序子类型"选项组中选择"深度轮廓铣"选项，如图3-4（a）所示。

(2) 单击"深度轮廓铣"按钮，打开"深度轮廓铣"对话框。单击"指定切削区域"按钮，进入"指定切削区域"对话框，如图3-4（b）所示。在零件上选择需要切削的面。

(3) "指定修剪边界"是指切削的区域，需要注意切削方向。

(4) 在"刀轴"选项组的"轴"列表中选择"+ZM 轴"选项。

(5) 在"深度轮廓铣"对话框中"刀轨设置"选项组的"公共每刀切削层深度"下拉列表中选择"恒定"选项，根据刀具直径调整"最大距离"，如图3-4（b）所示。

(6) 单击"切削层"按钮，打开"切削层"对话框。在"类型"下拉列表中选择"用户定义"选项；在"每刀切削深度"下拉列表中选择"公共"选项，设置每刀切削相同的深度；其他采用默认设置，单击"确定"按钮。

(7) 单击"切削参数"按钮，打开"切削参数"对话框。在"策略"选项卡的"切削顺序"下拉列表中选择"深度优先"选项；在"余量"选项卡中设置"部件余量"参数，粗铣余量根据实际情况或工艺卡进行设置，精铣为0，单击"确定"按钮，如图3-4（c）。

(8) 单击"非切削移动"按钮，打开"非切削移动"对话框，在"转移/快速"选项卡"安全设置"选项组的"安全设置选项"下拉列表中选择"平面"选项。单击"指定平面对话框"按钮，打开"平面"对话框，将"类型"设置为"按某一距离"，选取部件的上表面，在"距离"文本框中输入"10 mm"。如果有夹具，根据实际情况调整安全平面，单击"确定"按钮，如图3-4（d）所示。

(9) 单击"进给率和速度"按钮，根据刀具直径，设置对应的刀具转速与进给率，完成后单击右侧计算器按钮。单击"确定"按钮，如图3-4（e）所示。

(10) 在"深度轮廓铣"对话框中的"操作"选项组中单击"生成"按钮，生成刀轨。

连接板零件正面加工程序创建步骤

1. 进入 UG NX 12.0 软件的加工模块

选择"应用模块"→"加工"选项,打开"加工环境"对话框,在"CAM 会话配置"列表中选择 cam_general 选项,在"要创建的 CAM 组装"列表中选择 mill_planar 选项,单击"确定"按钮,进入加工环境,如图 3-5 所示。

进入加工模块

图 3-5 连接板零件正面加工模块

2. 创建坐标系

选择"创建几何体"→"创建坐标系 MCS"选项,打开 MCS 对话框,设置加工坐标原点,选取零件上表面,如图 3-6 所示。安全平面是方便后续工序中抬刀可以设置到安全平面,快速移刀时会先移动到安全平面。如果有夹具,则需要注意安全平面高度。

创建坐标系

图 3-6 连接板零件正面加工创建坐标系

3. 创建几何体

在"工件"对话框中单击"选择和编辑部件几何体"按钮,打开"部件几何体"对话框,选择待加工部件,单击"确定"按钮。

在"工件"对话框中单击"选择和编辑毛坯几何体"按钮,打开"毛坯几何体"对话框,选择之前创建的 305 mm×210 mm×37 mm 毛坯,连续单击"确定"按钮,如图 3-7 所示。

创建几何体

 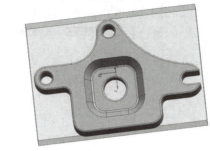

图 3-7 连接板零件正面加工创建几何体

4. 创建刀具

在机床视图界面创建 $\phi63$ mm 面铣刀、$\phi16$ mm 立铣刀、$\phi10R1$ mm 圆鼻刀及 $\phi40$ mm 精镗刀,并分别标注刀号。

选择"主页"→"刀片"→"创建刀具"选项,打开"创建刀具"对话框。在"类型"下拉列表中选择 mill_contour 选项;在"刀具子类型"选项组中选择 mill 选项,在"名称"文本框中输入刀具名称。设置刀具对应直径、下半径、刀刃长度、刀具号等参数,单击"确定"按钮,如图 3-8 所示。

创建刀具

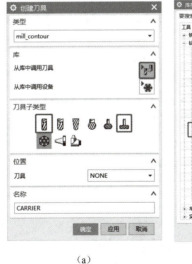  

(a) (b) (c)

图 3-8 连接板零件正面加工创建刀具

(a)"创建刀具"对话框;(b)"库类选择"对话框;(c)"搜索准则"对话框

5. 创建工序

连接板零件正面加工工序见表 3-2。

项目三 连接板零件数控编程与加工 55

表 3-2　连接板零件正面加工工序

工序号	工序名称	操作步骤	操作视频
10	粗铣零件上表面	使用平面轮廓铣 FACE_MILLING 策略粗铣零件上表面,"指定面边界"选择上表面,设置"最终底面余量"为 0.3 mm,刀具选择 D63 面铣刀。"主轴速度"设置为 600 r/min,切削进给率设置为 120 mm/min。"毛坯余量"是指需要切削的量,指定切削深度为 1 mm,即每刀切削 1 mm。调整"切削参数"对话框中"策略"选项卡中的"切削区域",勾选"延伸到部件轮廓"复选框,在"简化形状"下拉列表中选择"最小包围盒"	
20	精铣零件上表面	复制工序 10 粗铣零件上表面策略,并调整部件"最终底面余量"为 0 mm,"主轴速度"设置为 1 000 r/min,切削进给率设置为 200 mm/min	

续表

工序号	工序名称	操作步骤	操作视频
30	零件整体开粗	使用型腔铣 CAVITY_MILL 策略粗铣型腔，不需要指定切削区域，刀具选择 D16 立铣刀。在"切削层"对话框中设置"每刀切削深度"为 0.5 mm，范围定义选择零件底面平面，在"切削参数"对话框中设置"部件余量"为 0.3 mm，"主轴速度"设置为 2 400 r/min，切削进给率设置为 1 500 mm/min	
40	粗、精铣 ϕ22 mm 的孔	使用铣孔 HOLE_MILLING 策略，先选择孔，然后调整轴向、径向参数。选择 D16 立铣刀，确定进给率和速度，"主轴速度"设置为 3 000 r/min，切削进给率设置为 600 mm/min	
50	精加工外轮廓	使用平面轮廓铣 PLANAR_MILL 策略进行外轮廓精铣，刀具选择 D16 立铣刀，"主轴速度"设置为 2 400 r/min，切削进给率设置为 1 000 mm/min	

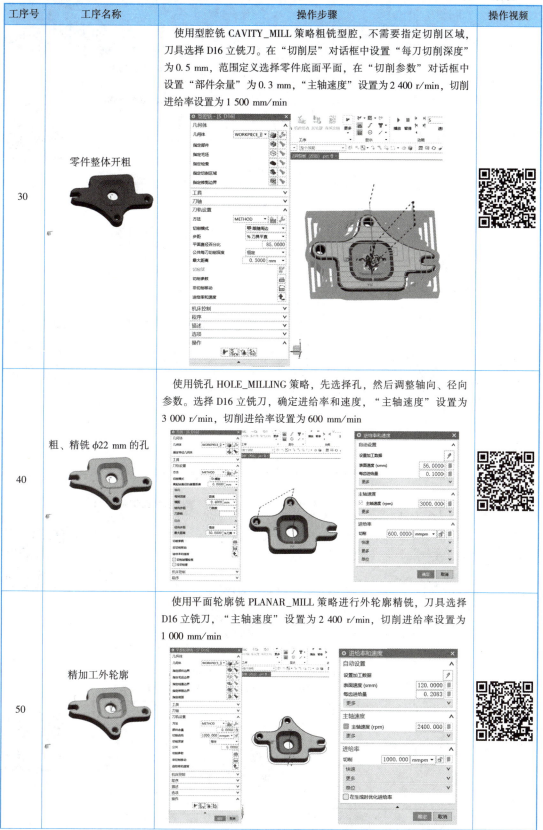

项目三　连接板零件数控编程与加工

续表

工序号	工序名称	操作步骤	操作视频
60	精加工中间内腔 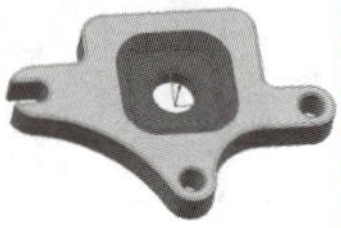	使用深度轮廓铣削 ZLEVEL_PROFILE 策略，选择刀具为 D10R1 圆鼻刀，"指定切削区域"选择需要加工的表面，调整"公共每刀切削深度"为 0.2 mm，"主轴速度"设置为 4 000 r/min，切削进给率设置为 1 500 mm/min 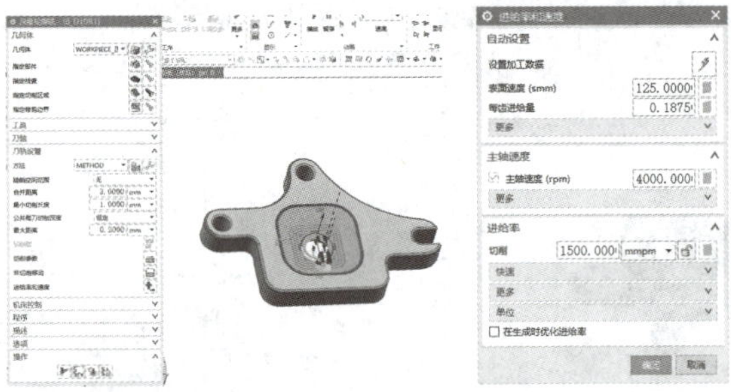	
70	精加工外轮廓 R 角 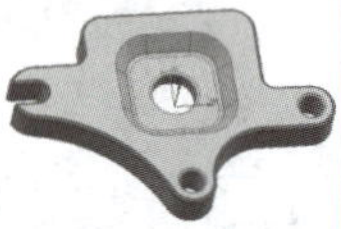	使用深度轮廓铣 ZLEVEL_PROFILE 策略，"指定切削区域"选择零件上表面的曲面，刀具选择 D10R1 圆鼻刀，调整"公共每刀切削深度"为 0.2 mm，"主轴速度"设置为 4 000 r/min，切削进给率设置为 1 500 mm/min 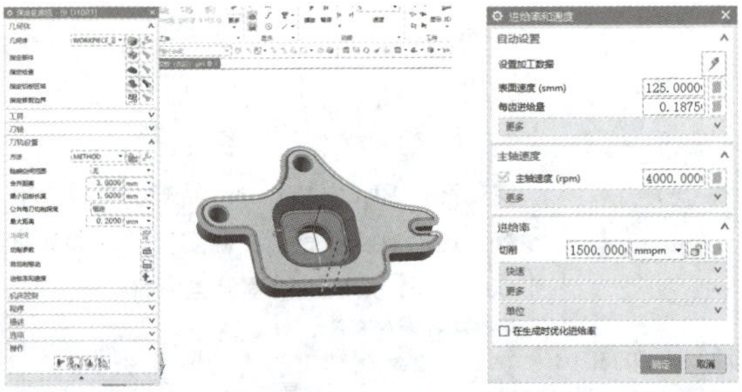	
80	精铣两个 ϕ22 mm 孔上方倒角 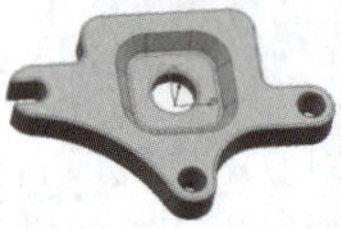	复制工序 70 精加工外轮廓 R 角策略，重新选择加工区域为孔上面的倒角 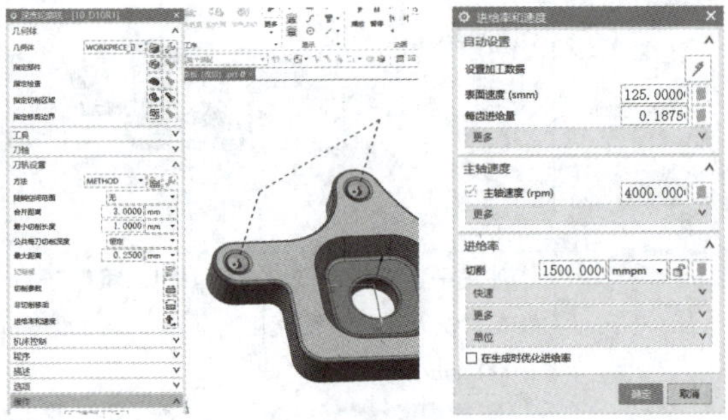	
90	精镗中间 ϕ40 mm 孔 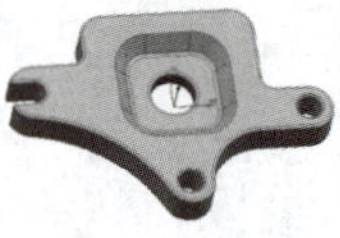	选择 hole_making、"钻孔"选项，确定刀具为 D40 精镗刀，指定特征几何体为中间 ϕ40 mm 孔中心，调整转速与进给率 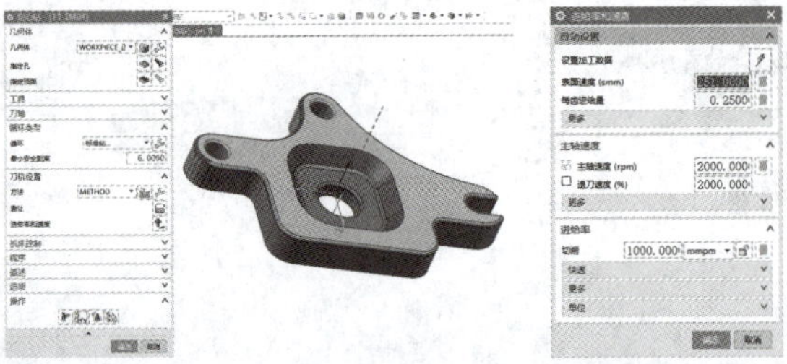	

6. 生成刀路轨迹并确认

连接板零件正面加工刀路轨迹见表3-3。

表3-3 连接板零件正面加工刀路轨迹

工序号	工序名称	操作步骤	刀轨确认	操作结果	动画演示（演示刀具切削过程）
10	粗铣零件上表面	选择对应的工序并选择"确认刀轨"选项，观看相关动画，并仔细观察是否有未加工或过切位置			
20	精铣零件上表面			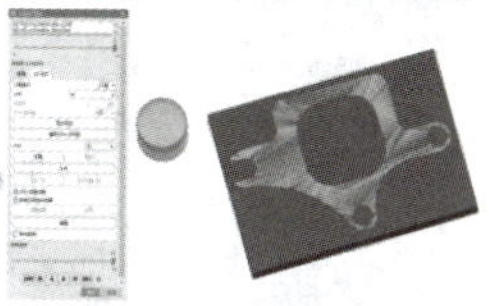	
30	零件整体开粗		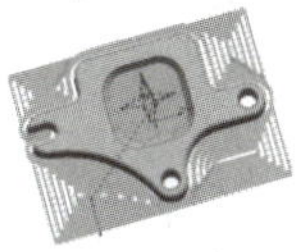	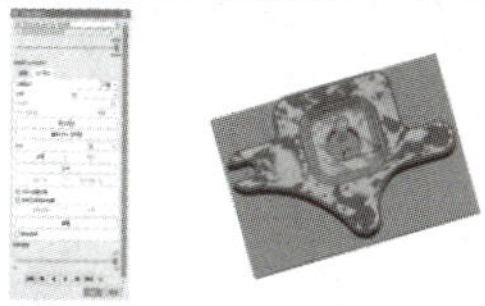	
40	粗、精铣 $\phi22$ mm 的孔			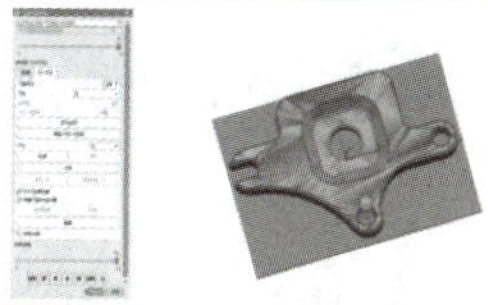	
50	精加工外轮廓		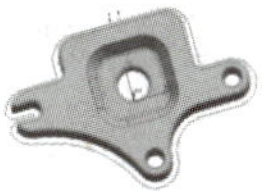	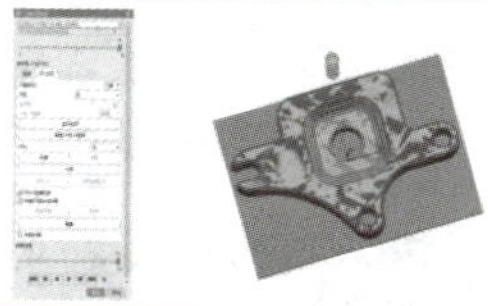	
60	精加工中间内腔			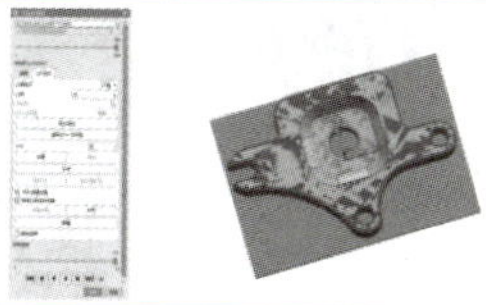	
70	精加工外轮廓 R 角		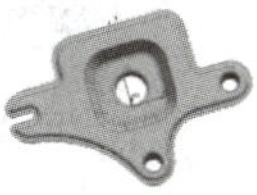	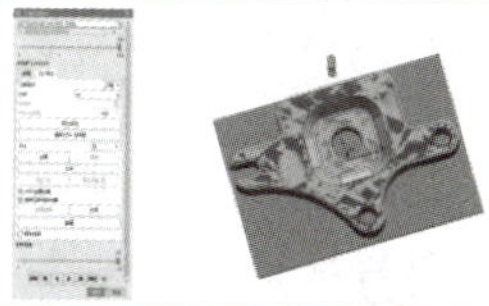	
80	精铣两个 $\phi22$ mm 孔上方倒角		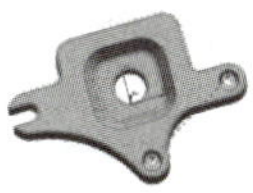	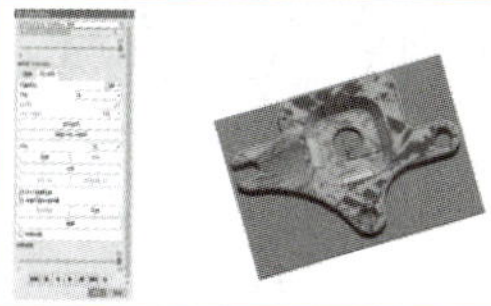	
90	精镗中间 $\phi40$ mm 孔			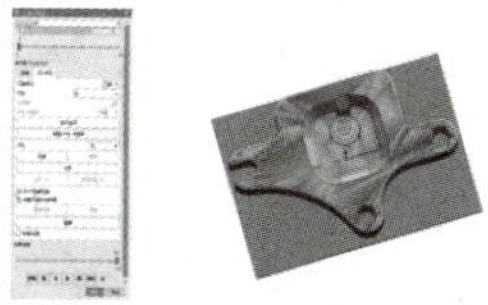	

项目三 连接板零件数控编程与加工

7. 生成后处理文件

在"程序顺序"视图界面选择需要的程序,加工中心可以选择一次性装夹所有工序,生成后处理文件。选择"主页"→"工序"→"后处理"选项,打开"后处理"对话框,在"后处理器"列表中选择 MILL_3_AXIS 选项。选择需要保存的位置后单击"确定"按钮,如图 3-9 所示。

生成后处理文件

图 3-9 连接板零件正面加工生成后处理文件

连接板零件反面加工程序创建步骤

1. 创建坐标系

选择"创建几何体"→"创建坐标系 MCS"选项,打开"MCS 铣削"对话框,设置加工坐标原点。选取零件上表面,确保 X、Y、Z 轴的方向与实际工件坐标系的方向一致,如图 3-10 所示。

反面加工
创建坐标系

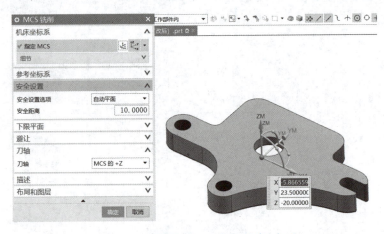

图 3-10 连接板零件反面加工创建坐标系

2. 创建几何体

指定部件、毛坯(采用之前创建的毛坯),或者复制正面的几何体,如图 3-11 所示。

反面加工
创建几何体

图 3-11 连接板零件反面加工创建几何体

3. 创建工序

连接板零件反面加工工序见表 3-4。

表 3-4 连接板零件反面加工工序

工序号	工序名称	操作步骤	操作视频
100	粗铣零件上表面	使用面铣 FACE_MILLING 策略,"指定面边界"选择零件毛坯,"切削模式"选择"往复","毛坯距离"设置为 5 mm,"每刀切削深度"设置为 2 mm,"最终底面余量"设置为 0.3 mm,"主轴速度"设置为 600 r/min,切削进给率设置为 120 mm/min 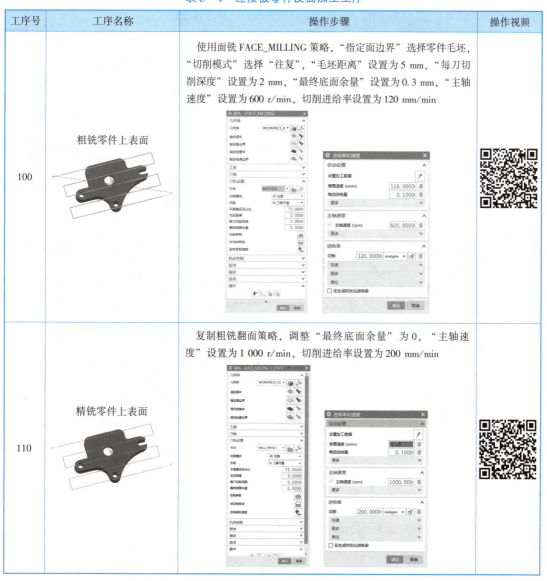	
110	精铣零件上表面	复制粗铣翻面策略,调整"最终底面余量"为 0,"主轴速度"设置为 1 000 r/min,切削进给率设置为 200 mm/min	

项目三 连接板零件数控编程与加工

4. 生成刀路轨迹并确认

连接板零件反面加工刀路轨迹见表3-5。

表3-5 连接板零件反面加工刀路轨迹

工序号	工序名称	操作步骤	刀轨确认	操作结果	动画演示（演示刀具切削过程）
100	粗铣零件上表面	选择对应的工序并选择"确认刀轨"选项，观看相关动画，并仔细观察是否有未加工或过切位置			
110	精铣零件上表面				

5. 生成后处理文件

选择需要的程序，如果是加工中心，可以选择一次装夹所有工序，生成后处理文件。选择"主页"→"工序"→"后处理"选项，打开"后处理"对话框，在"后处理器"列表中选择 MILL_3_AXIS 选项。选择需要保存的位置后单击"确定"按钮，如图3-12所示。

反向生成后处理文件

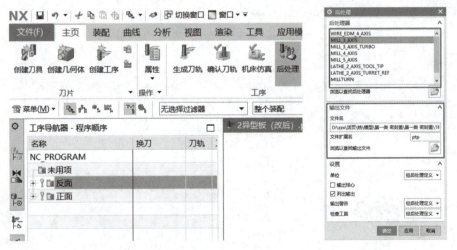

图3-12 连接板零件反面加工生成后处理文件

步骤五 模拟仿真实践

程序编制完成后,利用仿真软件对连接板零件进行仿真加工操作,见表 3-6。

表 3-6 连接板零件仿真加工操作

操作名称	操作步骤	视频演示
打开项目	打开软件,选择"打开项目"选项,选择设置好参数的机床。为方便观察与操作,选择双屏 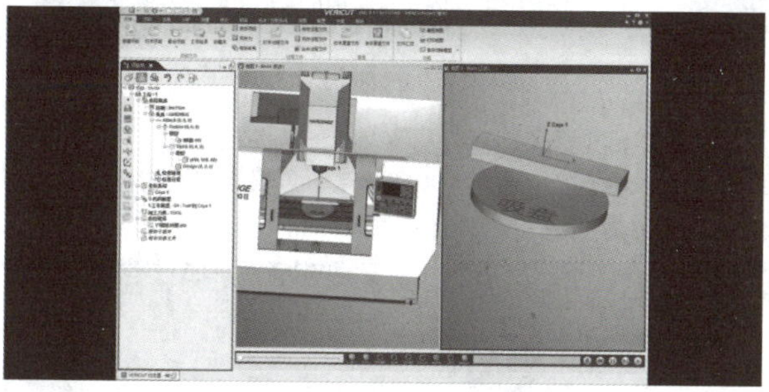	
设置毛料	单击"模型"按钮,在"毛坯类型"选项中,选择"立方块"选项,并设置毛坯长宽高分别为 305,210,37 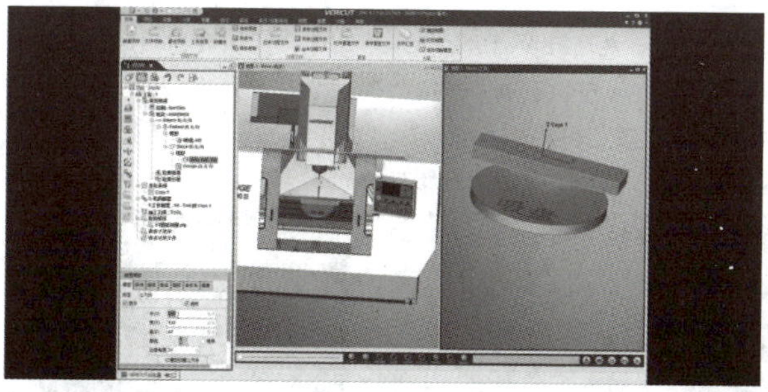	
装夹毛料	在工件视图中选择"虎钳口"选项,在配置模型中选择"移动"选项,设置为 5 mm 移动,并移动到合适位置。其中 3 个 0 分别代表 X、Y、Z 三轴的移动距离。选择"吸盘"选项,在配置模型中选择"组合"→"配对右边箭头"→"毛料与吸盘"选项。需要注意的是,如果想让虎钳口在配对中移动,就选择"虎钳口"→"配对"选项;如果想让毛料移动,就选择"毛料"→"吸盘"选项。最后需要调整毛料的 X 向、Z 向 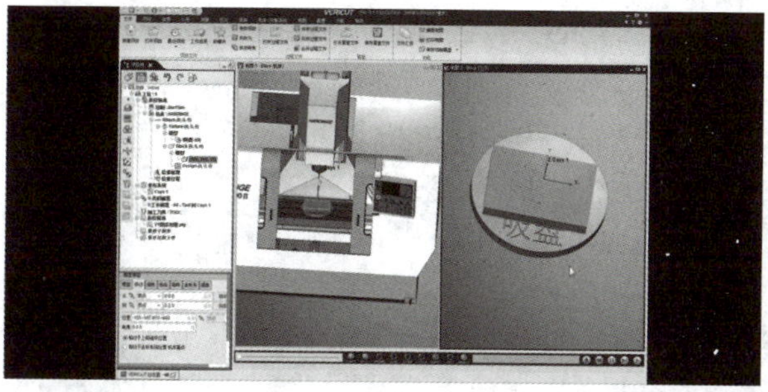	

项目三 连接板零件数控编程与加工

续表

操作名称	操作步骤	视频演示
设置坐标系	选择坐标系统 Csys1，将坐标系原点设在零件上表面中心位置 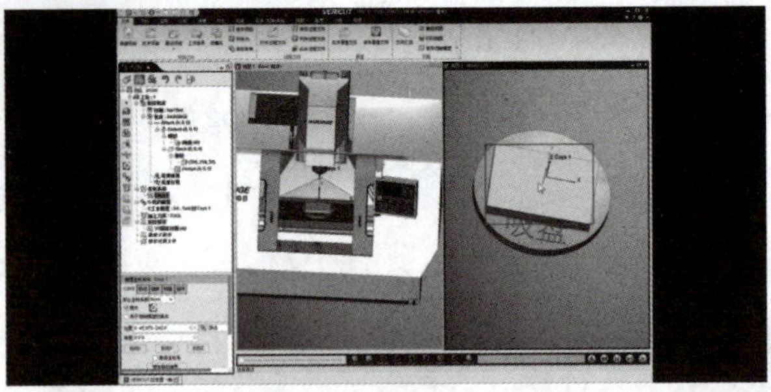	
设置加工刀具	双击加工刀具，先选择需要创建的刀具类型，在"刀具数据"对话框中调整对应的刀长、刃长、直径、露出长度等参数，再根据实际情况设置刀柄直径，依次创建 4 把刀具 T1D63，T2D16，T3D10R1，T4D40 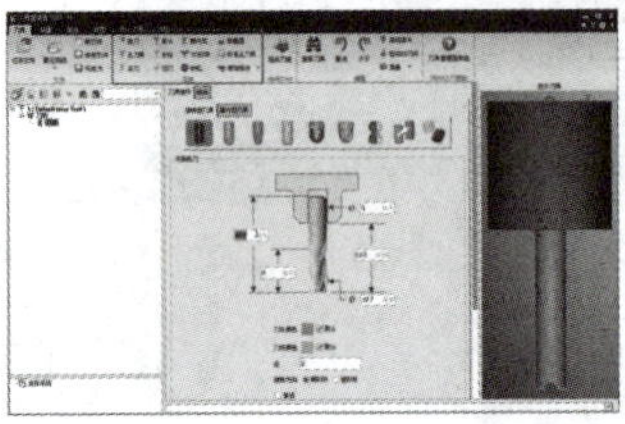 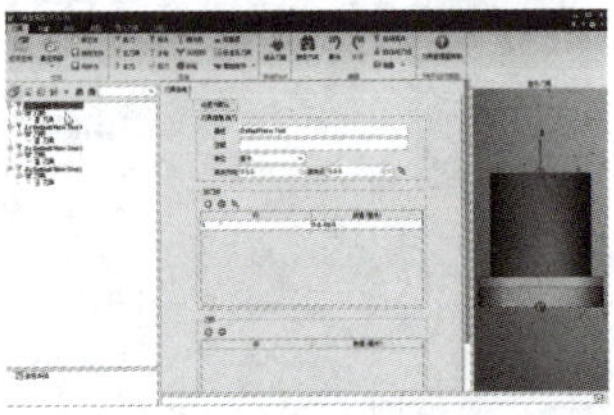	
添加数控程序	右击"数控程序"选项，在弹出的菜单中选择"添加数控程序"选项，或者右击已有程序，在弹出的菜单中选择"代替"选项。根据 UG 软件生成的 NC 代码添加对应程序。右击添加的程序，在弹出的菜单中选择"启用"选项，被启用的程序，就是本次进行仿真的程序 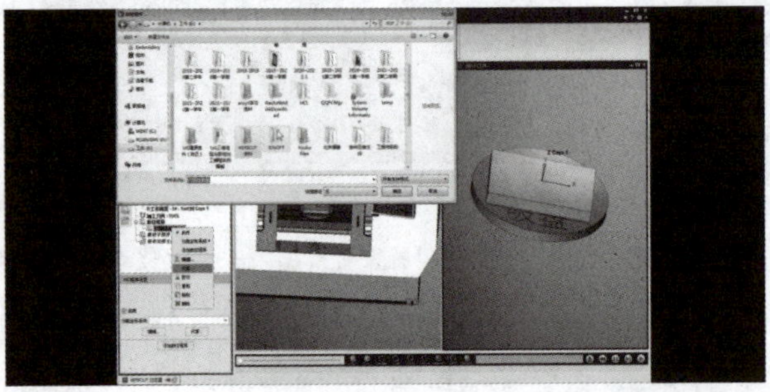	
仿真模拟	选择需要模拟的程序，单击 ▶ 按钮，软件就会进行仿真模拟加工。根据需要调整播放速度 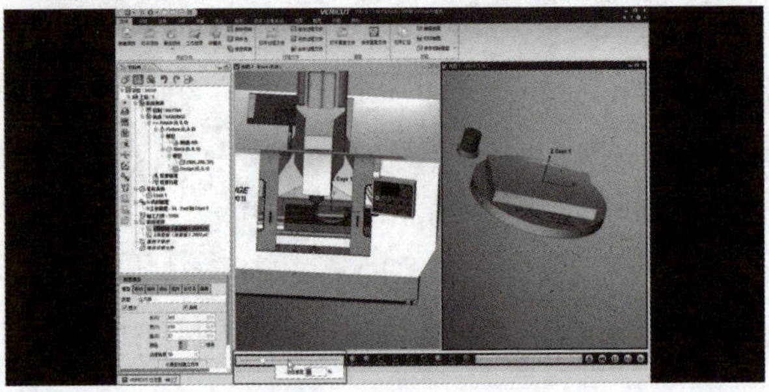	

操作名称	操作步骤	视频演示
翻面仿真模拟	复制工件，单击空白位置，右击，在弹出的菜单中选择"粘贴"选项；单击机床，选择毛料单击 ▶ 按钮。调整到刀具反面模拟状态；选择配置模型中的选项，选择旋转中心为工件坐标系原点，增量设置为180，选择 X 轴进行旋转；调整虎钳位置，夹紧零件；调整坐标系位置，启用对应程序，单击 ▶ 按钮，进行翻面后的仿真模拟	

步骤六 完成零件加工

1. 工件安装

将垫铁置于零件毛坯下方，并将零件装夹到机床工作台的吸盘上，启动吸盘，使零件完全吸附在吸盘上，如图 3-13 所示。需要注意的是，为了最大程度地吸附吸盘，需要把零件放在吸盘中间。

连接板编程与
加工任务及测量

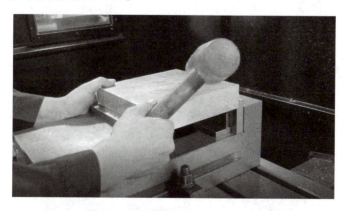

图 3-13 连接板零件加工工件安装

2. 刀具安装

利用装刀按钮和机床换刀功能，将已装入刀柄的 $\phi63$ mm 盘刀、$\phi16$ mm 立铣刀、$\phi10R1$ mm

圆鼻刀、φ40 mm 精镗刀依次装入指定刀位,如图 3-14 所示。

图 3-14 连接板零件加工刀具安装

3. 对刀

试切法对刀。

(1) 分中对刀法。利用刀具对零件左右两侧进行试切,记录两侧切削位置的坐标值,两侧坐标值相加除以 2 后就是零件中心坐标。采用试切法对刀完成 X、Y 两个方向对刀,如图 3-15(a)所示。

(2) 刀具切削零件上表面,当刚刚出现飞屑时,记录 Z 坐标值。在刀偏表内设置 Z 向刀具高度,完成 Z 向对刀,如图 3-15(b)所示。

(a)

(b)

图 3-15 连接板零件加工对刀
(a) X 向、Y 向对刀;(b) Z 向对刀

4. 自动加工

将刀具移动到安全位置。选择对应的程序,将机床调整到自动状态,单击"循环启动"按钮,直至加工结束,如图 3-16 所示。

图 3-16 连接板零件自动加工

5. 尺寸检测

按图纸要求,利用游标卡尺和千分尺检测零件右侧外径、长度及倒角尺寸,如图3-17所示。

图3-17 连接板零件加工尺寸检测

步骤七 零件精度检测与评价

1. 职业素质考核

职业素质考核评价标准见表3-7。

表3-7 职业素质考核评价标准

考核项目		考核内容	配分/分	扣分/分	得分/分
加工前准备	纪律	服从安排、清扫场地等。违反一项扣1分	2		
	安全生产	安全着装、按规程操作等。违反一项扣1分	2		
	职业规范	机床预热,按照标准进行设备点检。违反一项扣1分	4		
加工操作过程	打刀	每打一次刀扣2分	4		
	文明生产	工具、量具、刀具定置摆放,工作台面整洁等。违反一项扣1分	4		
	违规操作	用砂布、锉刀修饰,锐边没倒钝或倒钝尺寸太大等没按规定的操作行为,扣1~2分	4		
加工结束后设备保养	清洁、清扫	清理机床内部的铁屑,确保机床表面各位置的整洁,清扫机床周围的卫生,做好设备的保养。违反一项扣1分	4		
	整理、整顿	工具、量具的整理与定置管理。违反一项扣1分	2		
	素养	严格执行设备的日常点检工作。违反一项扣1分	4		
出现撞机床或工伤		出现撞机床或工伤事故整个测评成绩记0分			
合计			30		

2. 评分标准及检测报告

评分标准及检测报告见表3-8。

表 3-8 评分标准及检测报告

序号	检测项目	检测内容	检测要求	配分/分	学员自测尺寸	教师评价 得分/分	教师评价 检测结果
1	中间型腔	130°±0.03°	超差不得分	5			
2	中间型腔	$5_{\ 0}^{+0.02}$ mm	超差不得分	10			
3	中间型腔	$\phi 40H7_{\ 0}^{+0.03}$ mm	超差不得分	15			
4	两处 $\phi 22$ mm 的圆形腔	$\phi 22H7_{\ 0}^{+0.02}$ mm	超差不得分	15			
5	外轮廓	160.58 mm	超差不得分	5			
6	外轮廓	$20_{\ 0}^{+0.1}$ mm	超差不得分	5			
7	外轮廓	$R22$ mm	超差不得分	5			
8	零件厚度	(30±0.05) mm	超差不得分	10			
	合计			70			

3. 在线答题

扫描下方二维码进行答题。

课前小故事

1. 名言警句

千里之堤，溃于蚁穴。

2. 故事背景

机床主轴卡死，经检测主轴卡住，如图 4-1 所示。才采购的机床，不应该这么快损坏。

3. 故事内容

当维修人员到达现场时发现，主轴锁死，但拆卸外壳后发现主轴可以转动。维修人员发现一个螺丝露了出来，这个螺丝是固定主轴的，里面还有一个螺丝是为了配合这个螺丝，使两个部件对应旋转，不会出现电机带不动主轴的问题，就是这个螺丝卡死了主轴外壳，如图 4-2 所示。

其实这个问题是可以避免的，机床保养是避免这类问题的不二法门。日常保养、短期保养、长期保养做到位能有效避免机床问题，提高机床使用寿命。

图 4-1 机床主轴卡死报警

图 4-2 机床主轴卡死

项目四　动车车头零件数控编程与加工

步骤一　动车车头零件编程与加工任务

项目名称

1. 项目描述

单件或小批量生产动车车头零件，毛坯为 460 mm × 90 mm × 100 mm 的 6061 铝合金。

要求：设计数控加工工艺方案，编制机械加工工艺卡和数控铣刀具卡，并利用 UG NX 12.0 软件进行零件的程序编制。程序编写完成后进行加工仿真，确认程序无误后利用 VDM850B 数控加工中心加工出合格的零件，检验合格后入库。

2. 问题导向

（1）动车车头零件的加数控加工工序应当如何安排？

（2）加工动车车头零件时需要用到的刀具有哪些？刀具的选择有哪些特点？

（3）在编写加工程序前，动车车头零件的工件坐标系原点应该如何确立？

（4）在 UG NX 12.0 软件中加工动车车头零件顶面和腰线时应当选择什么指令？参数如何选择？

（5）在 UG NX 12.0 软件中加工动车车头零件顶面圆弧选择"固定轮廓铣"策略加工时，哪些参数会影响最终的零件表面效果？

项目准备

（1）每组一张零件图纸，如图 4-3 所示。

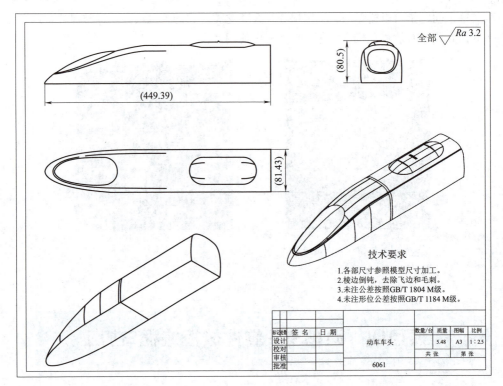

图 4-3 动车车头零件图纸

（2）设备：FANUC 0i 数控系统 VDM850B 数控加工中心。

（3）刀具：$\phi 20 R0.8$ mm 圆鼻刀，$\phi 16$ mm 立铣刀，$\phi 10 R1$ mm 圆鼻刀，$\phi 8$ mm 球刀。

（4）量具：0~300 mm 高度尺，0~250 mm 游标卡尺。

（5）工具：平口钳扳手，内六角扳手，活动扳手，垫片，橡胶锤，卫生清洁工具。

（6）毛坯：460 mm×90 mm×100 mm 的 6061 铝合金。

项目目标

1. 知识目标

（1）掌握制订动车车头零件加工工艺及工序的方法。

（2）掌握利用 UG NX 12.0 软件对动车车头零件的加工编程。

(3) 掌握利用仿真软件加工动车车头零件的操作流程。
(4) 掌握常用相关量具和工具的使用方法。
(5) 了解零件翻面再次装夹时,零件的定位与安装注意事项。

2. 技能目标

(1) 能够读懂动车车头零件图纸并正确分析。
(2) 能够根据零件图纸合理制订加工工艺方案并输出工艺卡。
(3) 能够根据工艺方案利用 UG NX 12.0 软件对零件进行编程并生成程序代码。
(4) 能够根据仿真软件的模拟结果对程序进行优化。

3. 锻炼与培养目标

(1) 培养学生的创新意识。
(2) 培养学生的安全意识。
(3) 培养学生的操作能力。
(4) 培养学生发现问题并解决问题的能力。

步骤二 分析动车车头零件图纸

数控加工的一般流程

数控加工的一般流程分为分析图纸;选择合适的加工设备并确认其配置;合理安排装夹方式,确定加工工艺路线;确认切削工具;编写加工程序,确认加工参数;零件首件试切。详细的流程同项目一步骤二。

技术要求分析

1. 毛坯性质

零件外形尺寸为 450 mm × 82 mm × 81 mm,材质为 6061 铝合金。

2. 尺寸公差

需要加工的轮廓为自由公差。

3. 表面粗糙度要求

全部表面粗糙度要求为 Ra 3.2 μm。

制订加工路线

工序一:采用平口钳装夹零件毛坯面。
(1) 使用 D16 立铣刀对零件整体进行开粗,预留 0.5 mm 余量。
(2) 使用 D20R0.8 圆鼻刀对零件进行二粗、半精加工,预留 0.3 mm 余量。
(3) 使用 D10R1 圆鼻刀对零件整体进行精加工,保证顶面的表面粗糙度要求。
(4) 使用 ϕ8 球刀对零件的顶部圆弧面及侧面腰线圆弧精加工,保证顶面的表面粗糙度要求。

工序二:采用平口钳装夹工序一已加工的零件外轮廓。
翻面后对零件的顶面进行粗、精铣,直至零件达到图纸要求。

步骤三　制订动车车头零件加工工艺卡

动车车头零件加工工艺卡见表 4-1。

表 4-1　动车车头零件加工工艺卡

机械加工工序卡片		零件图号		图 4-3	
		零件名称		动车车头	
加工示意图	装夹图	车间	工序号	工序名称	材料牌号
		机加车间	10	数铣	6061
	G54：X、Y 四面分中，顶面对刀为 Z0，零件露出高度不小于 90 mm	毛坯尺寸		设备名称	
		460 mm×90 mm×100 mm		数控加工中心	
		第 1 页		共 2 页	

工序号	工序内容	加工策略	刀具	刀长/mm	主轴转速/(r·min⁻¹)	进给量/(mm·min⁻¹)	切削深度/mm	余量/mm	量具
10	整体粗加工	型腔铣	T1D16	100	2 400	1 500	0.5	0.5	游标卡尺
20	整体半精加工	深度轮廓铣	T2D20R0.8	100	2 500	2 000	0.5	0.3	游标卡尺
30	整体精加工	深度轮廓铣	T3D10R1	50 加长杆	2 500	1 500	0.3	0	游标卡尺
40	精加工顶面圆弧	固定轮廓铣	T4B8	30	4 000	1 000	0.2	0	游标卡尺
50	精加工腰线	固定轮廓铣	T4B8	30 加工杆	4 000	1 000	0.1	0	游标卡尺
编制		电话		审核			日期		

机械加工工序卡片		零件图号		图 4-3	
		零件名称		动车车头	
加工示意图	装夹图	车间	工序号	工序名称	材料牌号
		机加车间	20	数铣	6061
	G54：X、Y 四面分中，顶面对刀为 Z0	毛坯尺寸		设备名称	
		460 mm×90 mm×100 mm		数控加工中心	
		第 2 页		共 2 页	

工序号	工序内容	加工策略	刀具	刀长/mm	主轴转速/(r·min⁻¹)	进给量/(mm·min⁻¹)	切削深度/mm	余量/mm	量具
60	粗铣上表面	自适应铣削	T5D16	10	4 000	2 400	0.5	0.3	高度尺
70	精铣上表面	底壁铣	T5D16	10	3 000	1 000	0.3	0	高度尺
编制		电话		审核			日期		

步骤四　创建动车车头零件加工程序

知识链接

1. 工件坐标系确立原则

工件坐标系是编程人员在编程时使用的坐标系。编程人员选择工件上的某一已知点为原点（又称编程零点），建立一个新的坐标系，称为工件坐标系。工件坐标系一旦建立便一直有效，直到被新的工件坐标系取代。工件坐标系原点的确定一般通过对刀实现。设置工件坐标系原点的一般原则如下。

（1）工件坐标系原点选在工件图样的尺寸基准上，这样可以直接用图样标注的尺寸作为编程点的坐标值，以减少计算工作量和错误。

（2）工件坐标系原点的设置位置能使工件方便装夹、测量和检验。

（3）工件坐标系原点尽量选在尺寸精度较高、表面粗糙度比较小的工件表面上，以提高加工精度并保证同一批零件的一致性。

（4）对称零件或以同心圆为主的零件，工件坐标系原点应选在对称中心线或圆心上。工件坐标系原点通常设置在工件内外轮廓的某一个角上。

（5）Z 轴的编程零点通常选在工件的上表面。

（6）对于形状复杂的零件，需要编制几个程序或子程序。为了编程方便和减少坐标值的计算，编程零点不一定设在工件坐标系原点上，而设在便于程序编制的位置。

2. 确定动车车头零件工件坐标系

正面加工时以毛坯上表面中心为坐标系原点，如图 4-4（a）所示。
反面加工时以毛坯上表面中心为坐标系原点，如图 4-4（b）所示。

(a)　　　　　　　　　　　　　　　　　　(b)

图 4-4　确定动车车头零件工件坐标系
(a) 正面加工时工件坐标系；(b) 反面加工时工件坐标系

3. UG NX 12.0 软件型腔铣

创建工序流程，如图 4-5 所示。

（1）单击"创建工序"按钮，打开"创建工序"对话框，在"类型"下拉列表中选择 mill_contour 选项，在"工序子类型"选项组中选择"型腔铣"选项；设置刀具、几何体，并对工序命名，如图 4-5（a）所示。

（2）单击"型腔铣"按钮，打开"型腔铣"对话框。单击"指定切削区域"按钮，进入"切削区域"对话框，在零件上选择需要切削的面，如图 4-5（b）所示。

（3）"指定修剪边界"是指切削的区域，需要注意的是切削方向。

（4）在"刀轴"选项组的"轴"列表中选择"+ZM 轴"选项，如图 4-5（c）所示。

（5）在"型腔铣"对话框中"刀轨设置"选项组的"切削模式"下拉列表中选择"跟随部件"选项，在"步距"下拉列表中选择"% 刀具平直"选项，"平面直径百分比"一般为 50%~70%，如图 4-5（c）所示。

(6) 单击"切削层"按钮,打开"切削层"对话框。在"类型"下拉列表中选择"用户定义"选项;在"每刀切削深度"下拉列表中选择"公共"选项,设置每刀切削相同的深度;其他采用默认设置,单击"确定"按钮。

(7) 单击"切削参数"按钮,打开"切削参数"对话框。在"策略"选项卡的"切削顺序"下拉列表中选择"深度优先"选项;在"余量"选项卡中设置"部件侧面余量"参数,粗铣余量根据实际情况或工艺卡进行设置,精铣为0,单击"确定"按钮,如图4-5(d)所示。

(8) 单击"非切削移动"按钮,打开"非切削移动"对话框,在"转移/快速"选项卡"安全设置"选项组的"安全设置选项"下拉列表中选择"平面"选项。单击"指定平面对话框"按钮,打开"平面"对话框,将"类型"设置为"按某一距离",选取部件的上表面,在"距离"文本框中输入"10 mm"。如果有夹具,根据实际情况调整安全平面,单击"确定"按钮,如图4-5(e)所示。

(9) 单击"进给率和速度"按钮,根据刀具直径,设置对应的刀具转速与进给率,完成后单击右侧计算器按钮。单击"确定"按钮,如图4-5(f)所示。

(10) 在"型腔铣"对话框中的"操作"选项组中单击"生成"按钮,生成刀轨。

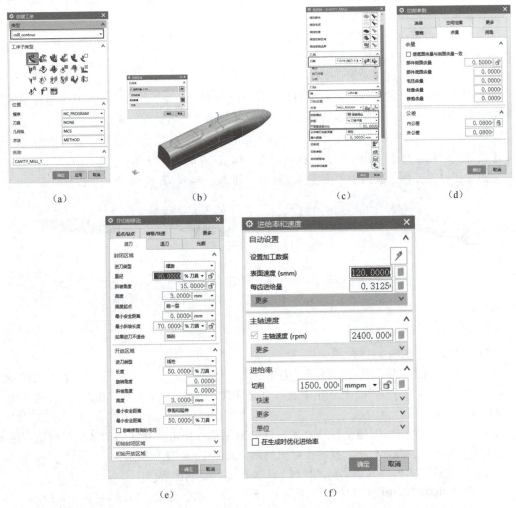

图4-5 动车车头零件加工创建工序流程

(a)"创建工序"对话框;(b)"切削区域"对话框及选择零件上切削面;(c)"型腔铣"对话框;
(d)"切削参数"对话框;(e)"非切削移动"对话框;(f)"进给率和速度"对话框

动车车头零件正面加工程序创建步骤

1. 进入 UG NX 12.0 软件的加工模块

选择"应用模块"→"加工"选项,打开"加工环境"对话框,在"CAM 会话配置"列表中选择 cam_general 选项,在"要创建的 CAM 组装"列表中选择 mill_planar 选项,单击"确定"按钮,进入加工环境,如图 4-6 所示。

图 4-6 动车车头零件正面加工模块

2. 创建坐标系

选择"创建几何体"→"创建坐标系 MCS"选项,打开"MCS 铣削"对话框,设置加工坐标原点,选取零件上表面,如图 4-7 所示。安全平面是方便后续工序中抬刀可以设置到安全平面,快速移刀时会先移动到安全平面。如果有夹具,则需要注意安全平面高度。

进入加工模块创建坐标系和几何体

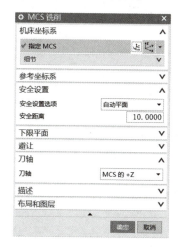 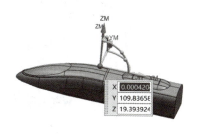

图 4-7 动车车头零件正面加工创建坐标系

项目四 动车车头零件数控编程与加工 ▎75

3. 创建几何体

在"工件"对话框中单击"选择和编辑部件几何体"按钮,打开"部件几何体"对话框,选择待加工部件,单击"确定"按钮。

在"工件"对话框中单击"选择和编辑毛坯几何体"按钮,打开"毛坯几何体"对话框,选择之前创建的 460 mm×90 mm×100 mm 毛坯,连续单击"确定"按钮,如图 4-8 所示。

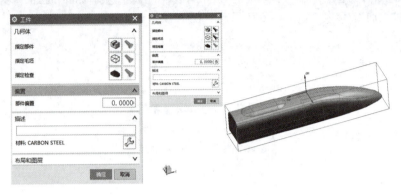

图 4-8 动车车头零件正面加工创建几何体

4. 创建刀具

创建 $\phi 16$ mm 立铣刀、$\phi 20 R0.8$ mm 圆鼻刀、$\phi 10 R1$ mm 圆鼻刀及 $\phi 8$ mm 球刀,并分别标注刀号。

选择"主页"→"刀片"→"创建刀具"选项,打开"创建刀具"对话框,在"类型"下拉列表中选择 mill_contour 选项;在"刀具子类型"选项组中选择 mill 选项,在"名称"文本框中输入刀具名称设置刀具对应直径、下半径、刀刃长度、刀具号等参数,单击"确定"按钮,如图 4-9 所示。

创建刀具

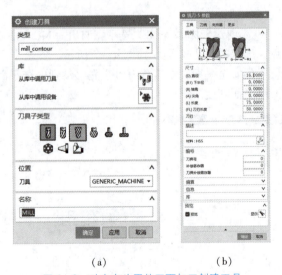

(a)　　　　　　(b)

图 4-9 动车车头零件正面加工创建刀具
(a) "创建刀具"对话框;(b) "铣刀-球头铣"对话框

5. 创建工序

动车车头零件正面加工工序见表 4-2。

表4-2　动车车头零件正面加工工序

工序号	工序名称	操作步骤	操作视频
10	整体粗加工 	使用型腔铣CAVITY_MILL策略对零件进行整体开粗。选择除底面外的所有面，"切削模式"选择"跟随周边"，设置"部件侧面余量"为0.5 mm，刀具选择D16立铣刀。"主轴速度"设置为2 400 r/min，切削进给率设置为1 500 mm/min。"毛坯余量"是指需要切削的量，"最大距离"设置为0.5 mm，即每刀切削0.5 mm 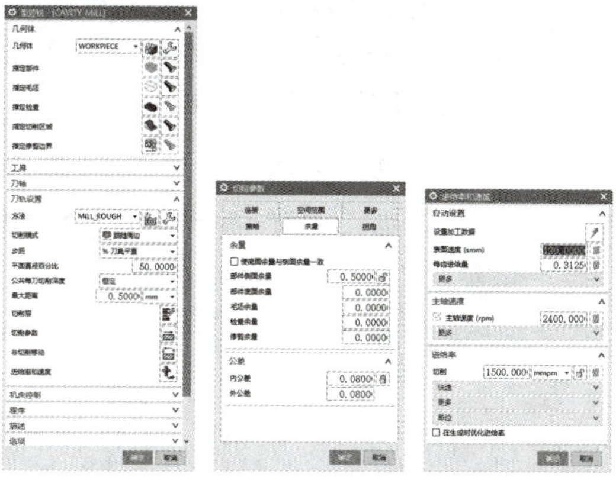	
20	整体半精加工 	使用深度轮廓铣ZLEVEL_PROFILE策略，主要用于曲面铣削或斜面行切，对零件进行二次开粗。切削区域指定除底面外的所有面，"部件侧面余量"设置为0.3 mm，"最大距离"设置为0.5 mm，刀具选择D20R0.8圆鼻刀，"主轴速度"设置为2 500 r/min，切削进给率设置为2 000 mm/min 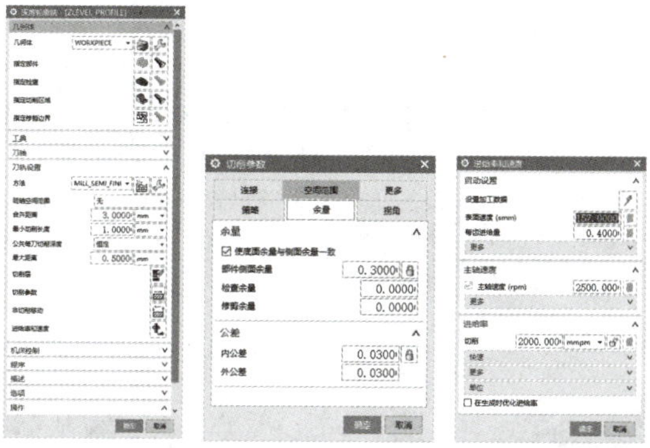	
30	整体精加工 	复制半精加工策略，对零件进行精加工。"部件侧面余量"设置为0 mm，"最大距离"设置为0.3 mm，刀具选择D10R1圆鼻刀，"主轴速度"设置为2 500 r/min，切削进给率设置为1 500 mm/min 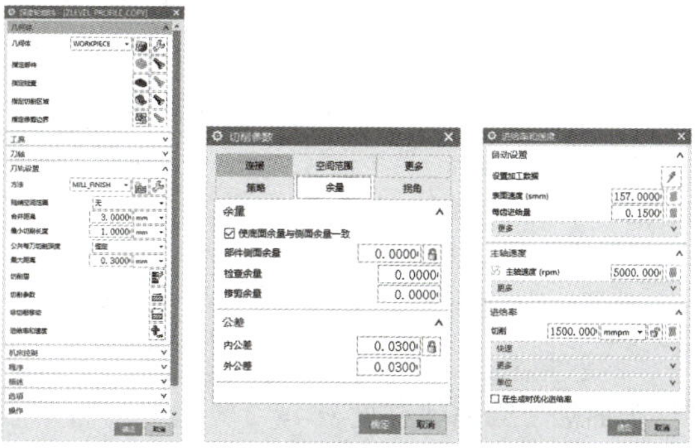	

项目四　动车车头零件数控编程与加工

续表

工序号	工序名称	操作步骤	操作视频
40	精加工顶面圆弧	使用固定轮廓铣 FIXED_CONTOUR 策略,"驱动方法"选择"区域铣削",选择要加工的曲面区域,刀具选择 B8 球刀,"部件余量"设置为 0 mm,"主轴速度"设置为 4 000 r/min,切削进给率设置为 1 000 mm/min	
50	精加工腰线	使用固定轮廓铣 FIXED_CONTOUR 策略,"驱动方法"选择"区域铣削",通过"指定修剪边界"加工流线型腰线。刀具选择 B8 球刀,"部件余量"设置为 0 mm,"主轴速度"设置为 4 000 r/min,切削进给率设置为 1 000 mm/min	

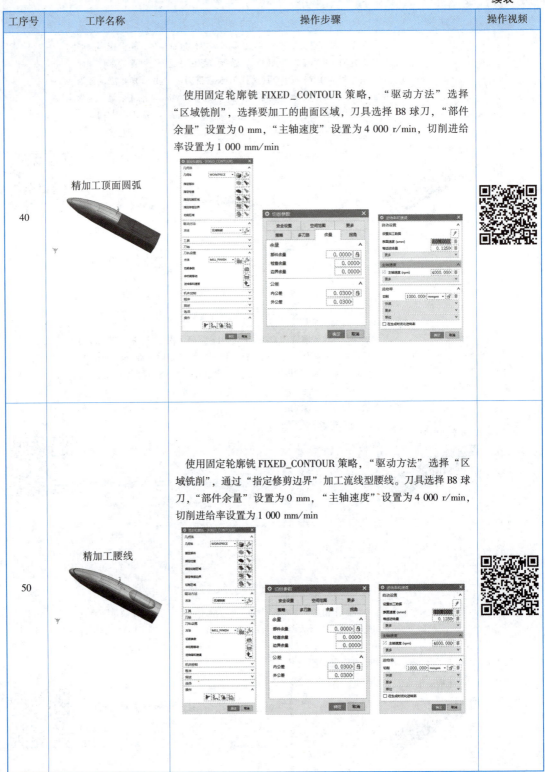

6. 生成刀路轨迹并确认

动车车头零件正面加工刀路轨迹见表 4-3。

表4-3 动车车头零件正面加工刀路轨迹

工序号	工序名称	操作步骤	刀轨确认	操作结果	动画演示（演示刀具切削过程）
10	整体粗加工	选择对应的工序并选择"确认刀轨"选项，观看相关动画，并仔细观察是否有未加工或过切位置			
20	整体半精加工				
30	整体精加工				
40	精加工顶面圆弧				
50	精加工腰线				

7. 生成后处理文件

在"程序顺序"视图界面选择需要的程序，加工中心可以选择一次性装夹所有工序，生成后处理文件。选择"主页"→"工序"→"后处理"选项，打开"后处理"对话框，在"后处理器"列表中选择 MILL_3_AXIS 选项。选择需要保存的位置后单击"确定"按钮，如图4-10所示。

生成后处理文件

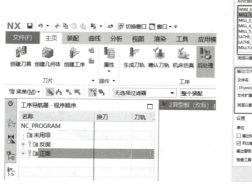

图4-10 动车车头零件正面加工生成后处理文件

项目四 动车车头零件数控编程与加工

动车车头零件反面加工程序创建步骤

1. 创建坐标系

选择"创建几何体"→"创建坐标系 MCS"选项,打开 MCS 对话框,设置加工坐标原点。选取零件上表面,确保 X、Y、Z 轴的方向与实际工件坐标系的方向一致,如图 4-11 所示。

创建底坐标系

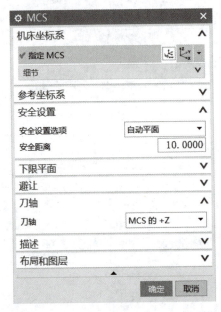
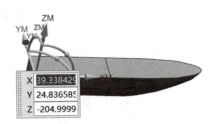

图 4-11 动车车头零件反面加工创建坐标系

2. 创建几何体

指定部件、毛坯,可以直接将上一工序仿真后的结果创建为 IPW 过程工件,当作第二工序的毛坯几何体使用。选择毛坯时,过滤器选择"小平面体"选项,如图 4-12 所示。

创建底面几何体

图 4-12 动车车头零件反面加工创建几何体

3. 创建工序

动车车头零件反面加工工序见表4–4。

表4–4 动车车头零件反面加工工序

工序号	工序名称	操作步骤	操作视频
60	粗铣上表面	使用自适应铣削 ADAPTIVE_MILLING 策略，这个策略根据剩余切削量进行铣削，只需要调整切削层为 1 mm，步距设置为 70% 刀具平直，"切削余量"设置为 0.3 mm，"主轴速度"设置为 4 000 r/min，切削进给率设置为 2 400 mm/min	
70	精铣上表面	使用面铣削 FACE_MILLING 策略，该策略主要用于对开放平面进行铣削。需要设置面边界，面边界设置为毛料边界，可以通过毛坯距离进行切削量的调整，根据工艺确定切削深度与底面余量。本零件只需要设置"主轴速度"为 3 000 r/min，切削进给率为 1 000 mm/min	

项目四 动车车头零件数控编程与加工

4. 生成刀路轨迹并确认

动车车头零件反面加工刀路轨迹见表 4–5。

表 4–5　动车车头零件反面加工刀路轨迹

工序号	工序名称	操作步骤	刀轨确认	操作结果	动画演示（演示刀具切削过程）
60	粗铣上表面	选择对应的工序并选择"确认刀轨"选项，观看相关动画，并仔细观察是否有未加工或过切位置			
70	精铣上表面				

5. 生成后处理文件

选择需要的程序，如果是加工中心，可以选择一次性装夹所有工序，生成后处理文件。选择"主页"→"工序"→"后处理"选项，打开"后处理"对话框，在"后处理器"列表中选择 MILL_3_AXIS 选项。选择需要保存的位置后单击"确定"按钮，如图 4–13 所示。

图 4–13　动车车头零件反面加工生成后处理文件

步骤五　模拟仿真实践

程序编制完成后,利用仿真软件对动车车头零件进行仿真加工操作,见表4-6。

表4-6　动车车头零件仿真加工操作

操作名称	操作步骤	视频演示
打开项目	打开软件,选择"打开项目"选项,选择设置好参数的机床。为方便观察与操作,选择双屏 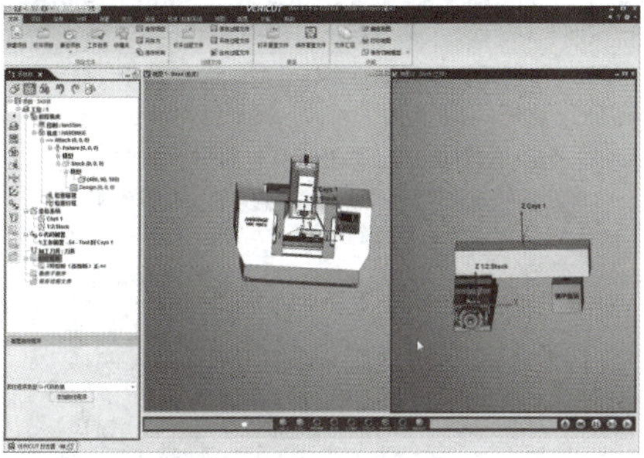	
设置毛料	单击"模型"按钮,在"毛坯类型"选项中选择"立方块"选项,并设置毛坯长宽高分别为460,90,100 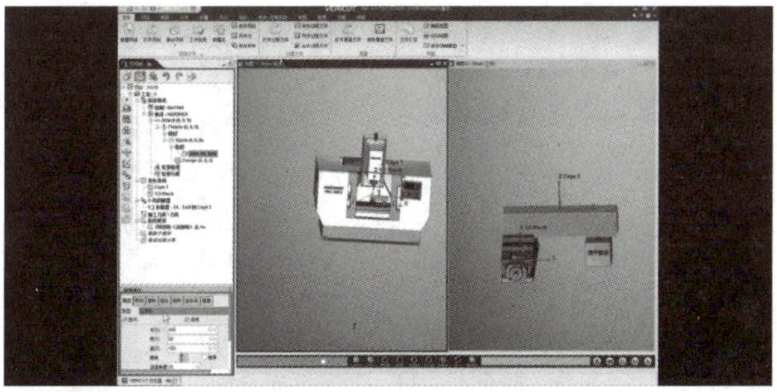	
装夹毛料	在工件视图中选择"虎钳口"选项,在配置模型中选择"移动"选项,设置为5 mm 移动,并移动到合适位置。其中3个0分别代表 X、Y、Z 三轴的移动距离。选择"虎钳"选项,在配置模型中选择"组合"→"配对右边箭头"→"毛料与虎钳口"选项。需要注意的是,想让虎钳口在配对中移动,就选择"虎钳口"→"配对"选项;如果想让毛料移动,就选择"毛料"→"虎钳口"选项。最后需要调整毛料的 X 向、Z 向 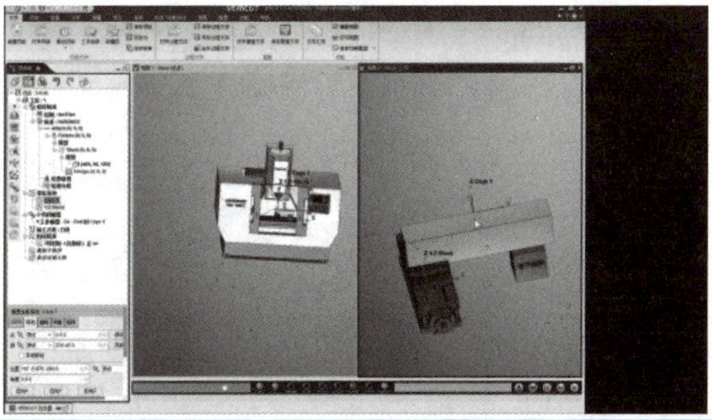	

项目四　动车车头零件数控编程与加工

操作名称	操作步骤	视频演示
设置坐标系	选择坐标系统 Csys1，将坐标系原点设在零件上表面中心位置	
设置加工刀具	双击加工刀具，先选择需要创建的刀具类型，在"刀具数据"对话框中调整对应的刀长、刃长、直径、露出长度等参数，再根据实际情况设置刀柄直径，依次创建5把刀具 T1D16，T2D20R0.8，T3D10R1，T4B8，T5D16	
添加数控程序	右击"数控程序"选项，在弹出的菜单中选择"添加数控程序"选项，或者右击已有程序，在弹出的菜单中选择"代替"选项。根据UG软件生成的NC代码添加对应程序。右击添加的程序，在弹出的菜单中选择"启用"选项，被启用的程序，就是本次进行仿真的程序	

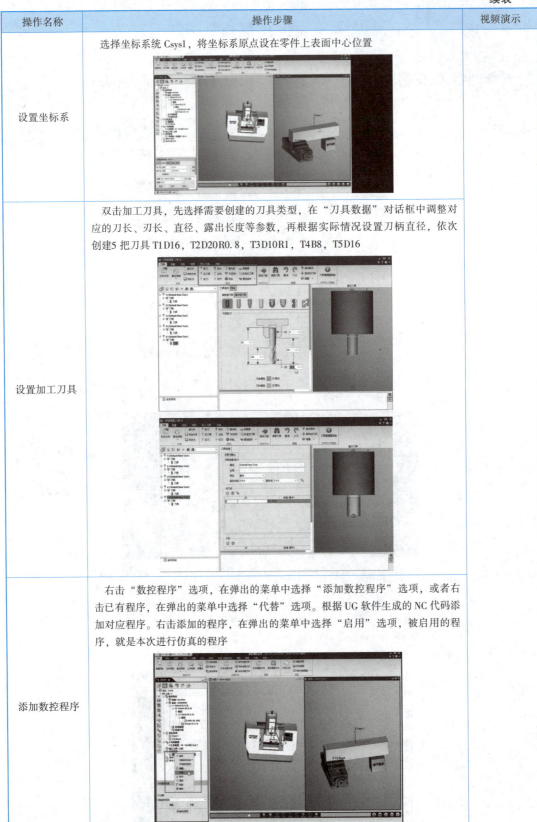

续表

操作名称	操作步骤	视频演示
仿真模拟	选择需要模拟的程序,单击 ▶ 按钮,软件就会进行仿真模拟加工。根据需要调整播放速度	
翻面仿真模拟	复制工件,单击空白位置,右击,在弹出的菜单中选择"粘贴"选项;单击机床,选择毛料选项单击 ▶ 按钮。调整到反面模拟状态;选择配置模型中的选项,选择旋转中心为工件坐标系原点,增量设置为180,选择 X 轴进行旋转;调整虎钳位置,夹紧零件;调整坐标系位置,启用对应程序,单击 ▶ 按钮,进行翻面后的仿真模拟	

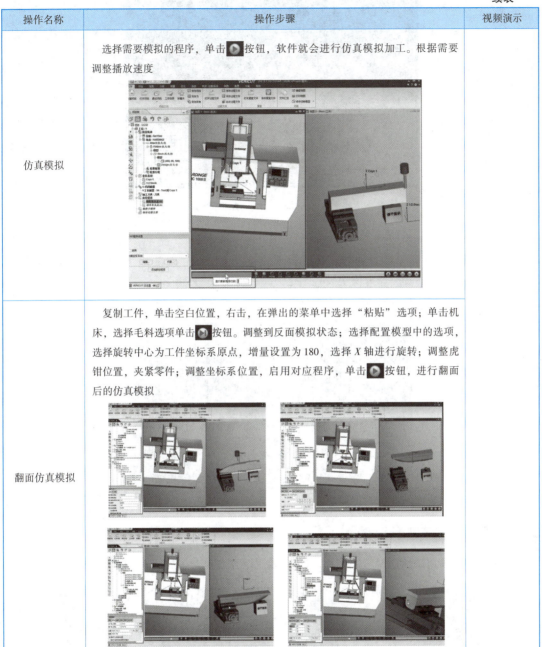

步骤六 完成零件加工

1. 工件安装

将垫铁置于零件毛坯下方,并将零件装夹到机床工作台的精密虎钳上,用手锤敲击零件表面,使其底面与垫铁、虎钳贴实并夹紧,保证零件露出高度不小于 90 mm,翻面后露出高度不小于 18 mm,如图 4-14 所示。

动车车头零件编程与加工任务及检测

图4-14 动车车头零件加工工件安装

2. 刀具安装

利用装刀按钮和机床换刀功能,将已装入刀柄的 $\phi16$ mm 立铣刀、$\phi20R0.8$ mm 圆鼻刀、$\phi10R1$ mm 圆鼻刀、$\phi8$ mm 球刀依次装入指定刀位,如图4-15所示。

图4-15 动车车头零件加工刀具安装

3. 对刀

利用手轮,采用试切法对刀完成 X、Y、Z 轴三个方向对刀,如图4-16所示。

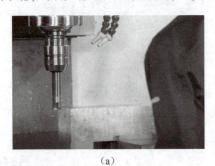 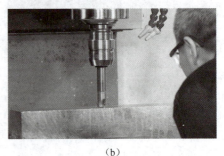

(a)　　　　　　　　　　(b)

图4-16 动车车头零件加工对刀

(a) X 向、Y 向对刀;(b) Z 向对刀

4. 自动加工

机床调整到自动状态,单击"循环启动"按钮,直至加工结束,如图4-17所示。

图 4-17 动车车头零件自动加工

5. 尺寸检测

按图纸要求，利用游标卡尺和千分尺检测零件右侧外径、长度及倒角尺寸，如图 4-18 所示。

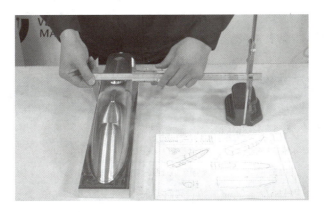

图 4-18 动车车头零件加工尺寸检测

零件精度检测与评价

1. 职业素质考核

职业素质考核评价标准见表 4-7。

表 4-7 职业素质考核评价标准

考核项目		考核内容	配分/分	扣分/分	得分/分
加工前准备	纪律	服从安排、清扫场地等。违反一项扣 1 分	2		
	安全生产	安全着装、按规程操作等。违反一项扣 1 分	2		
	职业规范	机床预热，按照标准进行设备点检。违反一项扣 1 分	4		

项目四 动车车头零件数控编程与加工　87

续表

考核项目		考核内容	配分/分	扣分/分	得分/分
加工操作过程	打刀	每打一次刀扣2分	4		
	文明生产	工具、量具、刀具定置摆放，工作台面整洁等。违反一项扣1分	4		
	违规操作	用砂布、锉刀修饰，锐边没倒钝或倒钝尺寸太大等没按规定的操作行为，扣1~2分	4		
加工结束后设备保养	清洁、清扫	清理机床内部的铁屑，确保机床表面各位置的整洁，清扫机床周围的卫生，做好设备的保养。违反一项扣1分	4		
	整理、整顿	工具、量具的整理与定置管理。违反一项扣1分	2		
	素养	严格执行设备的日常点检工作。违反一项扣1分	4		
出现撞机床或工伤		出现撞机床或工伤事故整个测评成绩记0分			
合计			30		

2. 评分标准及检测报告

评分标准及检测报告见表4-8。

表4-8 评分标准及检测报告

序号	检测项目	检测内容	检测要求	配分/分	学员自测尺寸	教师评价	
						检测结果	得分/分
1	零件表面	光泽，无明显过切漏切	超差不得分	30			
2	零件总长	449.39 mm	每超差0.1 mm扣2分	10			
3	零件高度	50.5 mm	每超差0.1 mm扣2分	10			
4	零件表面	表面粗糙度 Ra 3.2 μm	超差不得分	20			
合计				70			

3. 在线答题

扫描下方二维码进行答题。

课前小故事

1. 名言警句

精细、严谨地将工作做到极致,反思反省,实务精进。带着"工作是一种修行"的工作观,每天享受通过努力获得的成长、取得的成绩和达成的结果。

2. 故事背景

陈行行毕业于山东技师学院,现任中国工程物理研究院机械制造工艺研究所高级技师,先后获得"全国五一劳动奖章""全国技术能手""四川工匠"等荣誉称号。2019 年 1 月 18 日,陈行行当选 2018 年"大国工匠年度人物",如图 5-1 所示。

3. 故事内容

2012 年以来,陈行行多次参加四川省和国家级技能比赛,凭借良好的心理素质、精湛的技能技术和全面的综合能力,获得第六届全国数控技能大赛加工中心(四轴)职工组第一名,并两次获得全国数控技能大赛四川省选拔赛职工组加工中心(四轴)第一名。

图 5-1 大国工匠陈行行

创新已经融入陈行行的血液里。作为研究所唯一的特聘技师,陈行行管理着 3 个高技能人才工作站,并兼任某壳体高效加工和加工中心两个高技能人才工作站的领办人。作为高技能人才工作站的领办人,陈行行和他的团队有信心把工作站建设成数控加工创新成果的孵化器。

陈行行一直在用心做好多重角色:一线生产工人、参赛选手、师傅、培训老师、攻关团队领办人等。展望未来,陈行行认为,整个社会都在飞速前进,新知识、新技术日新月异,一定要不断学习、终生学习,在数控加工领域永葆创造力和竞争力。

项目五 大赛底板零件编程与加工

步骤一 大赛底板零件编程与加工任务

 项目名称

1. 项目描述

单件或小批量生产大赛底板零件,毛坯为 200 mm×166 mm×22 mm 的 6061 铝合金。

要求：设计数控加工工艺方案，编制机械加工工艺卡和数控铣刀具卡，并利用 UG NX 12.0 软件进行零件的程序编制。程序编写完成后进行加工仿真，确认程序无误后利用 VDM850B 数控加工中心加工出合格的零件，检验合格后入库。

2. 问题导向

(1) 确立工件坐标系的原则有哪些？

(2) 选择零件的毛坯、切削刀具、工装夹具的原则有哪些？

(3) 在安装零件过程中，使用橡胶锤敲击工件的目的是什么？

(4) UG NX 12.0 软件中自动编程"平面轮廓铣"策略如何使用，策略中的"切削参数"如何设置？

项目准备

(1) 每组一张零件图纸，如图 5-2 所示。

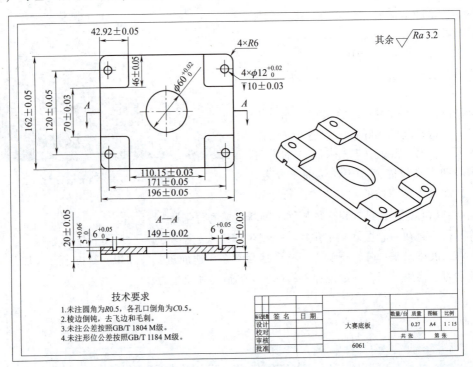

图 5-2 底板零件图纸

(2) 设备：FANUC 0i 数控系统 VDM850B 数控加工中心。

(3) 刀具：$\phi 63$ mm 盘刀，$\phi 12$ mm 立铣刀，$\phi 4$ mm 立铣刀。

(4) 量具：0～300 mm 深度游标卡尺，0～250 mm 游标卡尺，高度尺。

(5) 工具：平口钳扳手，内六角扳手，活动扳手，垫片，铁屑钩，卫生清洁工具。

(6) 毛坯：200 mm × 166 mm × 22 mm 的 6061 铝合金。

项目目标

1. 知识目标

(1) 掌握制订大赛底板零件加工工艺及工序的方法。

(2) 掌握 UG NX 12.0 软件编程加工模块的基本操作流程。

(3)掌握 UG NX 12.0 软件的"平面铣"加工策略。
(4)掌握相关刀具和夹具的选择、安装及使用方法。
(5)掌握常用相关量具和工具的使用方法。

2. 技能目标

(1)能够熟练掌握 UG NX 12.0 软件的编程工艺流程。
(2)能够根据仿真结果优化改进加工程序。
(3)能够正确使用量具并对加工零件进行检测。
(4)能够在机床上完成工件坐标系 X、Y、Z 轴的建立。
(5)能够利用数控加工中心进行零件的加工。

3. 锻炼与培养目标

(1)培养学生根据零件加工区域自主完成零件编程与加工的能力。
(2)培养学生发现问题并解决问题的能力。
(3)培养学生的安全意识。

步骤二　分析大赛底板零件图纸

数控加工的一般流程

数控加工的一般流程分为分析图纸；选择合适的加工设备并确认其配置；合理安排装夹方式，确定加工工艺路线；确认切削工具；编写加工程序，确认加工参数；零件首件试切。详细的流程同项目一步骤二。

技术要求分析

1. 毛坯性质

毛坯外形尺寸为 200 mm×166 mm×22 mm，材质为 6061 铝合金。

2. 尺寸公差

正面需要加工的轮廓：（1）上表面；（2）两个宽 6 mm 的直线槽，需要保证的尺寸有 $6_{0}^{+0.05}$ mm，深度 $5_{0}^{+0.06}$ mm，槽间距（149±0.02）mm；（3）零件外轮廓，需要保证的尺寸有（196±0.05）mm，（162±0.05）mm，$R6$ mm。

反面需要加工的轮廓：（1）上表面，保证零件厚度为（20±0.05）mm；（2）4 个矩形凸台（42.92±0.05）mm，（46±0.05）mm，高度（10±0.03）mm，凸台间距（70±0.03）mm，（110.15±0.03）mm；（3）中心圆孔，保证尺寸 $\phi 60_{0}^{+0.02}$ mm；（4）4 个圆形腔，保证的尺寸有 $\phi 12_{0}^{+0.02}$ mm，深度（10±0.03）mm，间距（120±0.05）mm，（171±0.05）mm。

3. 表面粗糙度要求

表面粗糙度要求为 Ra 3.2 μm。

制订加工路线

工序一：采用平口钳装夹。

（1）使用 D63 面铣刀粗、精铣零件上表面，保证表面粗糙度 Ra 3.2 μm 的技术要求，保证精修后的上表面距离装夹钳口平面的距离大于 12 mm。

（2）使用D12立铣刀粗、精铣零件外轮廓，需要保证的尺寸有（196±0.05）mm，（162±0.05）mm，R6 mm，深度12 mm，表面粗糙度为 Ra 3.2 μm。

（3）使用D4立铣刀粗、精铣两个宽6 mm的直线槽，需要保证的尺寸有 $6^{+0.05}_{0}$ mm，深度 $5^{+0.06}_{0}$ mm，槽间距（149±0.02）mm。

工序二：采用平口钳装夹。

（1）使用D63面铣刀粗、精铣零件上表面，保证零件厚度（20±0.05）mm，表面粗糙度 Ra 3.2 μm 的技术要求。

（2）使用D12立铣刀对零件轮廓整体开粗。

（3）使用D12立铣刀精铣底面，精铣侧壁。

（4）使用D12立铣刀精铣 φ60 mm 的圆孔壁，保证尺寸 $\phi 60^{+0.02}_{0}$ mm，表面粗糙度 Ra 3.2 μm 的技术要求。

（5）使用D4立铣刀粗、精铣4个 φ6 mm 的圆形腔，保证尺寸 $\phi 12^{+0.02}_{0}$ mm，深度（10±0.03）mm，间距（120±0.05）mm，（171±0.05）mm。

步骤三　制订大赛底板零件加工工艺卡

大赛底板零件加工工艺卡见表5-1。

表5-1　大赛底板零件加工工艺卡

机械加工工序卡片				零件图号		图5-2		
				零件名称		底板		
加工示意图		装夹图		车间	工序号	工序名称	材料牌号	
		G54：X、Y 四面分中，顶面对刀为Z0，零件露出高度不小于15 mm		机加车间	10	数铣	6061	
				毛坯尺寸		设备名称		
				200 mm×166 mm×22 mm		数控加工中心		
				第1页		共2页		
工序号	工序内容	加工策略	刀具	刀长/mm	主轴转速/(r·min^{-1})	进给量/(mm·min^{-1})	切削深度/mm	余量/mm	量具
10	粗铣零件上表面	带边界面铣	T1D63	10	600	120	0.8	0.2	游标卡尺
20	精铣零件上表面	带边界面铣	T1D63	10	1 000	200	0.2	0	游标卡尺
30	粗铣零件侧壁外轮廓	平面铣	T2D12	30	3 000	1 200	5	0.2	游标卡尺
40	精铣零件侧壁外轮廓	平面铣	T2D12	30	3 000	1 000	25	0	游标卡尺
50	粗铣6 mm卡槽	平面铣	T3D4	20	6 000	2 000	0.2	0.1	游标卡尺
60	精铣6 mm卡槽	平面铣	T3D4	20	6 000	2 000	0.2	0	游标卡尺
编制		电话		审核			日期		

续表

机械加工工序卡片		零件图号	图 5-2
		零件名称	底板

加工示意图	装夹图	车间	工序号	工序名称	材料牌号
		机加车间	20	数铣	6061
	G54：X、Y 四面分中，顶面对刀为 Z0，零件露出高度不小于 15 mm	毛坯尺寸		设备名称	
		200 mm×166 mm×22 mm		数控加工中心	
		第 2 页		共 2 页	

工序号	工序内容	加工策略	刀具	刀长/mm	主轴转速/(r·min^{-1})	进给量/(mm·min^{-1})	切削深度/mm	余量/mm	量具
70	粗铣零件上表面	带边界面铣	T1D63	10	600	120	0.8	0.2	高度尺
80	精铣零件上表面	带边界面铣	T1D63	10	1 000	200	0.2	0	高度尺
90	对零件轮廓整体开粗	自适应铣	T2D12	35	4 500	2 200	22	0.2	游标卡尺
100	精铣底面	带边界面铣	T2D12	35	3 000	1 500	0.2	0	游标卡尺
110	精铣外壁	型腔铣	T2D12	35	3 000	1 200	1	0	游标卡尺
120	精铣 $\phi 60$ mm 圆孔内壁	实体轮廓 3D	T2D12	35	3 000	1 200	1	0	游标卡尺
130	粗、精铣 4 个 $\phi 6$ mm 圆形腔	平面铣	T3D4	20	6 000	2 000	0.2	0	游标卡尺
编制		电话		审核			日期		

步骤四　创建大赛零件加工程序

知识链接

1. 工件坐标系确立原则

工件坐标系是编程人员在编程时使用的坐标系。编程人员选择工件上的某一已知点为原点（又称编程零点），建立一个新的坐标系，称为工件坐标系。工件坐标系一旦建立便一直有效，直到被新的工件坐标系取代。工件坐标系原点的确定一般通过对刀实现。设置工件坐标系原点的一般原则如下。

（1）工件坐标系原点选在工件图样的尺寸基准上，这样可以直接用图样标注的尺寸作为编程点的坐标值，以减少计算工作量和错误。

（2）工件坐标系原点的设置位置能使工件方便装夹、测量和检验。

（3）工件坐标系原点尽量选在尺寸精度较高、表面粗糙度比较小的工件表面上，以提高加工精度并保证同一批零件的一致性。

(4) 对称零件或以同心圆为主的零件,工件坐标系原点应选在对称中心线或圆心上。工件坐标系原点通常设置在工件内外轮廓的某一个角上。

(5) Z 轴的编程零点通常选在工件的上表面。

(6) 对于形状复杂的零件,需要编制几个程序或子程序。为了编程方便和减少坐标值的计算,编程零点不一定设在工件坐标系原点上,而设在便于程序编制的位置。

2. 确定大赛底板零件工件坐标系

正面加工时以毛坯上表面中心为坐标原点,如图 5-3 (a) 所示。
反面加工时以毛坯上表面中心为坐标原点,如图 5-3 (b) 所示。

图 5-3 确定大赛底板零件工件坐标系
(a) 正面加工时工件坐标系;(b) 反面加工时工件坐标系

3. UG NX 12.0 软件平面铣

平面铣(planar milling)是用于平面轮廓、平面区域或平面孤岛的一种铣削方式,平面铣与表面铣有许多类似的地方。它通过逐层切削工件来创建刀具路径,可用于零件的粗、精加工,尤其适用于底面是平面且垂直于刀轴、侧壁为垂直面的工件。

创建工序流程,如图 5-4 所示。

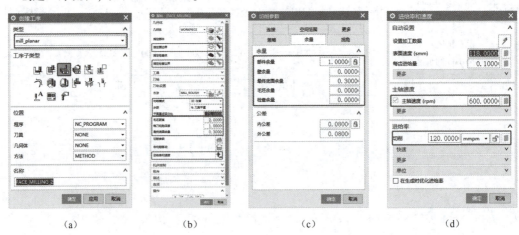

图 5-4 大赛底板零件加工创建工序流程
(a) "创建工序"对话框;(b) 调整"切削模式"和"步距";
(c) "切削参数"对话框;(d) "进给率和速度"对话框

(1) 单击"创建工序"按钮,打开"创建工序"对话框,在"类型"下拉列表中选择 mill_planar 选项,在"工序子类型"选项组中选择"平面轮廓铣"选项;调整刀具、几何体,并对工序命名,如图 5-4 (a) 所示。

(2) 调整面边界,选择需要加工的面,需要注意的是切削侧。

(3) 指定检查边界,需要的注意的是选择不切削的地方。

(4) 调整"切削模式"和"步距",通常选择"往复"的切削模式,"粗加工步距百分比"一般选择 50% ~ 75%,"精加工步距百分比"一般选择 50% ~ 70%,如图 5-4 (b) 所示。

(5) 调整毛坯距离。毛坯距离是指需要切削的深度。根据刀具直径调整刀具切削深度，最后设置"最终底面余量"，一般为 0.2~0.3 mm。也可以在"切削参数"对话框中调整"最终底面余量"，如图 5-4（c）所示。

(6) 根据刀具直径调整进给率和切削速度，如图 5-4（d）所示。

大赛底板零件正面加工程序创建步骤

1. 进入 UG NX 12.0 软件的加工模块

选择"应用模块"→"加工"选项，打开"加工环境"对话框，在"CAM 会话配置"列表中选择 cam_general 选项，在"要创建的 CAM 组装"列表中选择 mill_planar 选项，单击"确定"按钮，进入加工环境，如图 5-5 所示。

进入 UGNX12.0 软件的加工模块

图 5-5 大赛底板零件正面加工模块

2. 创建坐标系

选择"创建几何体"→"创建坐标系 MCS"选项，打开 MCS 对话框，设置加工坐标原点，选取零件上表面，如图 5-6 所示。安全平面是方便后续工序中抬刀可以设置到安全平面，快速移刀时会先移动到安全平面。如果有夹具，则需要注意安全平面高度。

创建坐标系

3. 创建几何体

在"工件"对话框中单击"选择和编辑部件几何体"按钮，打开"部件几何体"对话框，选择待加工部件，单击"确定"按钮。

在"工件"对话框中单击"选择和编辑毛坯几何体"按钮,打开"毛坯几何体"对话框,在"类型"下拉列表中选择"包容块"选项,设置好相关参数后,连续单击"确定"按钮,如图 5-7 所示(上、下表面保留 1 mm 余量,为了去除表面氧化层)。

创建几何体

图 5-6　大赛底板零件正面加工创建坐标系

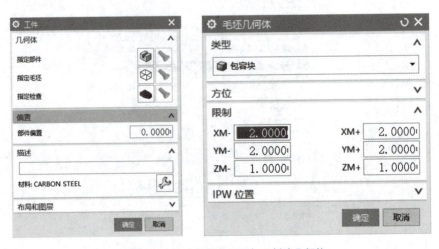

图 5-7　大赛底板零件正面加工创建几何体

4. 创建刀具

创建 ϕ63 mm 盘刀和 ϕ12 mm、ϕ4 mm 立铣刀,并分别标注刀号。

选择"主页"→"刀片"→"创建刀具"选项,打开"创建刀具"对话框,在"类型"下拉列表中选择 mill_contour 选项;在"刀具子类型"选项组中选择 mill 选项,在"名称"文本框输入刀具名称。设置刀具对应直径、下半径、刀刃长度、刀具号等参数,单击"确定"按钮,如图 5-8 所示。

创建刀具

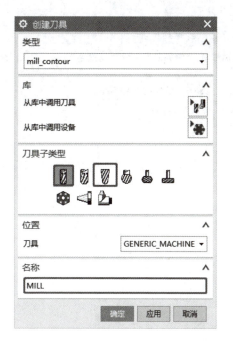

(a) (b)

图5-8 大赛底板零件正面加工创建刀具

(a)"创建刀具"对话框；(b)"铣刀-5参数"对话框

5. 创建工序

大赛底板零件正面加工工序见表5-2。

表5-2 大赛底板零件正面加工工序

工序号	工序名称	操作步骤	操作视频
10	粗铣零件上表面	使用面铣策略粗铣上表面，"指定面边界"选择上表面外框，刀具选择D63立铣刀。设置"最终底面余量"为0.2 mm，"主轴速度"设置为600 r/min，切削进给率设置为120 mm/min，加工深度为1.8 mm 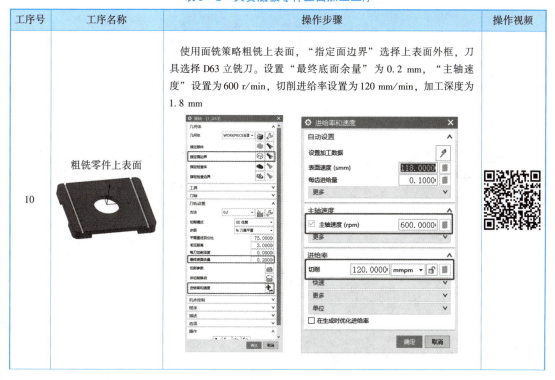	

续表

工序号	工序名称	操作步骤	操作视频
20	精铣零件上表面	复制粗铣上表面策略,"最终底面余量"设置为 0 mm,加工深度为 2 mm	
30	粗铣零件侧壁外轮廓	使用平面铣 PLANAR_MILL 策略粗铣零件侧壁,"指定面边界"选择上表面外框,刀具选择 D12 立铣刀。最终侧壁余量设置为 0.2 mm,"主轴速度"设置为 3 000 r/min,切削进给率设置为 1 200 mm/min,加工深度为 0.2 mm	

续表

工序号	工序名称	操作步骤	操作视频
40	精铣零件侧壁外轮廓	使用平面铣 PLANAR_MILL 策略粗铣零件侧壁,"指定面边界"选择上表面外框,刀具选择 D12 立铣刀。最终侧壁余量设置为 0 mm,"主轴速度"设置为 3 000 r/min,切削进给率设置为 1 000 mm/min,加工深度为 25 mm	
50	粗铣 6 mm 卡槽	使用面铣策略粗铣上表面,"指定面边界"选择上表面外框,刀具选择 D4 立铣刀。"毛坯距离"设置为 5 mm,因为刀具直径比较细仅为 4 mm,所以以设置"每刀切削深度"为 0.2 mm。"最终底面余量"设置为 0.1 mm,"主轴速度"设置为 6 000 r/min,切削进给率设置为 2 000 mm/min,加工深度为 7 mm	

项目五　大赛底板零件编程与加工

续表

工序号	工序名称	操作步骤	操作视频
60	精铣6 mm卡槽	使用面铣策略粗铣上表面，"指定面边界"选择上表面外框，刀具选择D4立铣刀。"毛坯距离"设置为5 mm，因为刀具直径比较细仅为4 mm，所以设置"每刀切削深度"为0.2 mm。"最终底面余量"设置为0 mm，"主轴速度"设置为6 000 r/min，切削进给率设置为2 000 mm/min，加工深度为7 mm 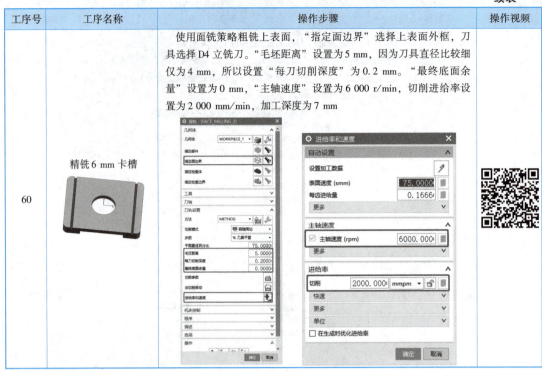	

6. 生成刀路轨迹并确认

大赛底板零件正面加工刀路轨迹见表5-3。

表5-3 大赛底板零件正面加工刀路轨迹

工序号	工序名称	操作步骤	刀轨确认	操作结果	动画演示（演示刀具切削过程）
10	粗铣零件上表面	选择对应的工序并选择"确认刀轨"选项，观看相关动画，并仔细观察是否有未加工或过切位置 	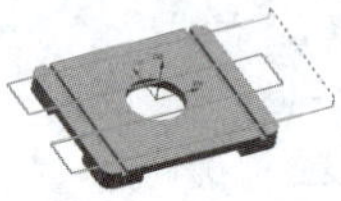		
20	精铣零件上表面		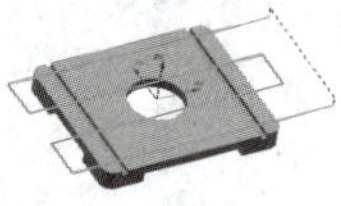		
30	粗铣零件侧壁外轮廓				
40	精铣零件侧壁外轮廓				

100 典型零件数控铣床加工技术——UG 编程 Vericut 仿真

续表

工序号	工序名称	操作步骤	刀轨确认	操作结果	动画演示（演示刀具切削过程）
50	粗铣 6 mm 卡槽				
60	精铣 6 mm 卡槽				

7. 生成后处理文件

选择需要的程序，如果是加工中心，可以选择一次性装夹所有工序，生成后处理文件。选择"主页"→"工序"→"后处理"选项，打开"后处理"对话框，在"后处理器"列表中选择 MILL_3_AXIS 选项。选择需要保存的位置后单击"确定"按钮，如图 5-9 所示。

生成后处理文件

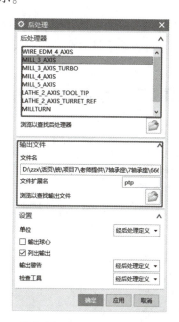

图 5-9 大赛底板零件正面加工生成后处理文件

大赛底板零件反面加工程序创建步骤

1. 创建坐标系

选择"创建几何体"→"创建坐标系 MCS"选项，打开 MCS 对话框，设置加工坐标原点。选取零件上表面，并把 Z 轴旋转 180°；或者复制正面的坐标系并把 Z 轴旋转 180°，如图 5-10 所示。

创建坐标系

项目五 大赛底板零件编程与加工 101

图 5-10 大赛底板零件反面加工创建坐标系

2. 创建几何体

指定部件、毛坯（上表面余量为 0.7 mm，为了去除表面氧化层；下表面余量为 14.3 mm，作为装夹使用；其余各表面余量为 5 mm），或者复制正面的几何体，如图 5-11 所示。

创建几何体

图 5-11 大赛底板零件反面加工创建几何体

3. 创建工序

大赛底板零件反面加工工序见表 5-4。

表 5-4 大赛底板零件反面加工工序

工序号	工序名称	操作步骤	操作视频
70	粗铣零件上表面	使用面铣策略粗铣上表面，"指定面边界"选择上表面外框，刀具选择 D63 立铣刀。"毛坯距离"设置为 2 mm，"每刀切削深度"设置为 0.8 mm，"最终底面余量"设置为 0.2 mm，"主轴速度"设置为 600 r/min，切削进给率设置为 120 mm/min，加工深度为 1.8 mm	
80	精铣零件上表面	复制粗铣上表面策略，"最终底面余量"为 0 mm，加工深度为 2 mm	

续表

工序号	工序名称	操作步骤	操作视频
90	对零件轮廓整体开粗	使用自适应铣削策略对内型腔进行铣削,刀具选择 D12 立铣刀,"指定修剪边界"选择曲线,然后选择红色区域外轮廓(不选中间通孔),"最大距离"设置为 2.4 mm,公共每刀切削深度"最大距离"设置为 22 mm,"部件侧面余量"设置为 0.2 mm,切削进给率设置为 2 200 mm/min,"主轴速度"设置为 4 500 r/min,加工深度为 11.8 mm 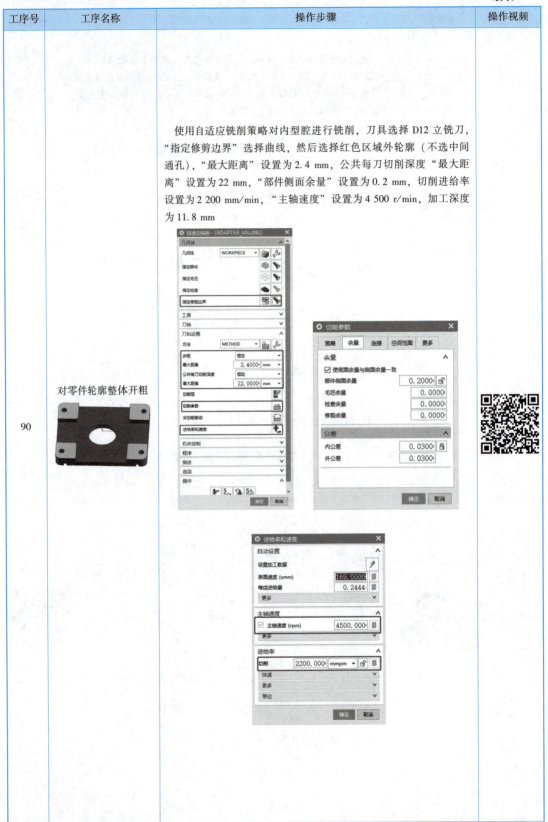	

续表

工序号	工序名称	操作步骤	操作视频
100	精铣底面	使用面铣策略进行底面铣削，选择 D12 立铣刀作为加工刀具，指定切削区域选择红色部分，选择底面为最低的筋表面，"切削深度"设置为恒定 0.2 mm，或者"最终底面余量"设置为 0.25 mm。"主轴速度"设置为 3 000 r/min，切削进给率设置为 1 500 mm/min，加工深度为 12 mm	
110	精铣外壁	使用型腔铣策略，指定零件外轮廓为切削区域，然后选择 D12 立铣刀。切削深度设置为 1 mm，确定进给率和速度，"主轴速度"设置为 3 000 r/min，切削进给率设置为 1 200 mm/min，加工深度为 12 mm	

项目五　大赛底板零件编程与加工

续表

工序号	工序名称	操作步骤	操作视频
120	精铣 $\phi 60$ mm 圆孔内壁	使用实体轮廓 3D 策略，通过对壁的指定来指定加工区域。实体轮廓 3D 主要用于高低相连的曲线侧壁加工，这里使用这个策略仅仅是为了练习，铣侧壁、铣底面等策略可以达到一样的效果。刀具选择 D12 立铣刀，切削深度设置为 1 mm，确定进给率和速度，"主轴速度"设置为 3 000 r/min，切削进给率设置为 1 200 mm/min，加工深度为 22 mm	
130	粗、精铣 4 个 $\phi 6$ mm 圆形腔	使用平面铣 PLANAR_MILL 策略粗铣零件侧壁，指定面边界选择上表面外框，刀具选择 D4 立铣刀。最终侧壁余量设置为 0.2 mm，"主轴速度"设置为 6 000 r/min，切削进给率设置为 2 000 mm/min，加工深度为 10 mm	

4. 生成刀路轨迹并确认

大赛底板零件反面加工刀路轨迹见表 5-5。

表 5-5 大赛底板零件反面加工刀路轨迹

工序号	工序名称	操作步骤	刀轨确认	操作结果	动画演示（演示刀具切削过程）
70	粗铣零件上表面	选择对应的工序并选择"确认刀轨"选项，观看相关动画，并仔细观察是否有未加工或过切位置			
80	精铣零件上表面				
90	对零件轮廓整体开粗				
100	精铣底面				
110	精铣外壁		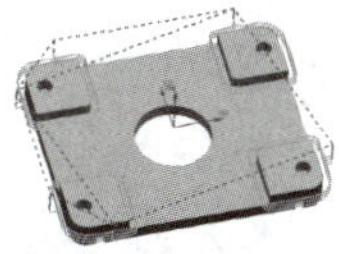		
120	精铣 $\phi 60$ mm 圆孔内壁				
130	粗、精铣4个 $\phi 6$ mm 圆形腔		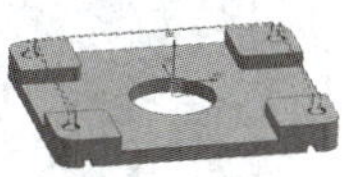		

5. 生成后处理文件

选择需要的程序，如果是加工中心，可以选择一次性装夹所有工序，生成后处理文件。选择"主页"→"工序"→"后处理"选项，打开"后处理"对话框，在"后处理器"列表中选择 MILL_3_AXIS 选项。选择需要保存的位置后单击"确定"按钮，如图 5-12 所示。

生成后处理文件

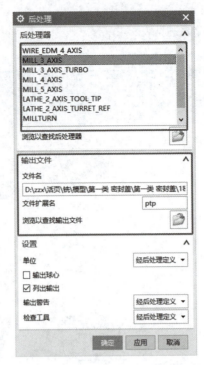

图 5-12 大赛底板零件反面加工生成后处理文件

步 骤 五　模拟仿真实践

程序编制完成后,利用仿真软件对大赛底板零件进行仿真加工操作,见表 5-6。

表 5-6　大赛底板零件仿真加工操作

操作名称	操作步骤	视频演示
打开项目	打开软件,选择"打开项目"选项,选择设置好参数的机床。为方便观察与操作,选择双屏 	

108　■　典型零件数控铣床加工技术——UG 编程 Vericut 仿真

续表

操作名称	操作步骤	视频演示
设置毛料	单击"模型"按钮,在"毛坯类型"选项中,选择"立方块"选项,并设置毛坯长宽高分别为200,166,22	
装夹毛料	在工件视图中选择"虎钳口"选项,在配置模型中选择"移动"选项,设置为5 mm移动,并移动到合适位置。其中3个0分别代表X、Y、Z三轴的移动距离。选择"虎钳"选项,在配置模型中选择"组合"→"配对右边箭头"→"毛料与虎钳口"选项。需要注意的是,想让虎钳口在配对中移动,就选择"虎钳口"→"配对"选项;如果想让毛料移动,就选择"毛料"→"虎钳口"选项。最后需要调整毛料的X向、Z向	
设置坐标系	选择坐标系统Csys1,将坐标系原点设在零件上表面中心位置	

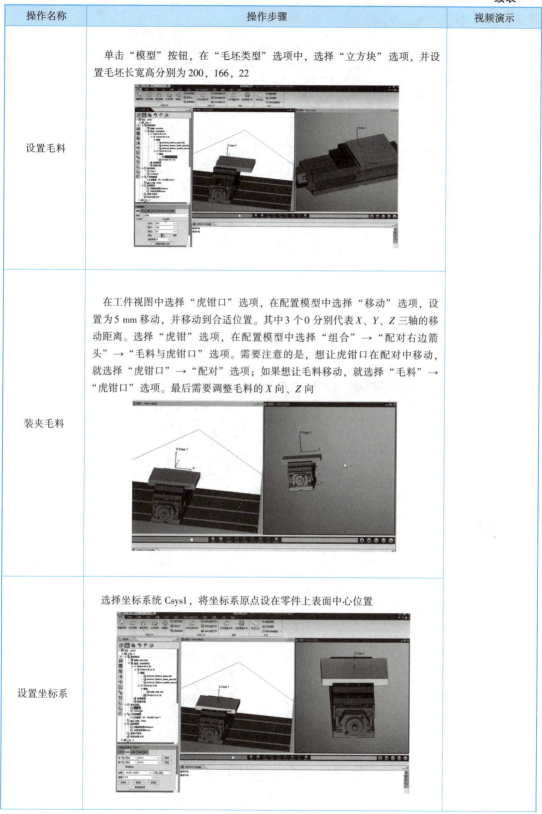

续表

操作名称	操作步骤	视频演示
设置加工刀具	双击加工刀具，先选择需要创建的刀具类型，在"刀具数据"对话框中调整对应的刀长、刃长、直径、露出长度等参数，再根据实际情况设置刀柄直径，依次创建3把刀具T1D63，T2D12，T3D4	
添加数控程序	右击"数控程序"选项，在弹出的菜单中选择"添加数控程序"选项，或者右击已有程序，在弹出的菜单中选择"代替"选项。根据UG软件生成的NC代码添加对应程序。右击添加的程序，在弹出的菜单中选择"启用"选项，被启用的程序就是本次进行仿真的程序	
仿真模拟	选择需要模拟的程序，单击 ▶ 按钮，软件就会进行仿真模拟加工。根据需要调整播放速度	

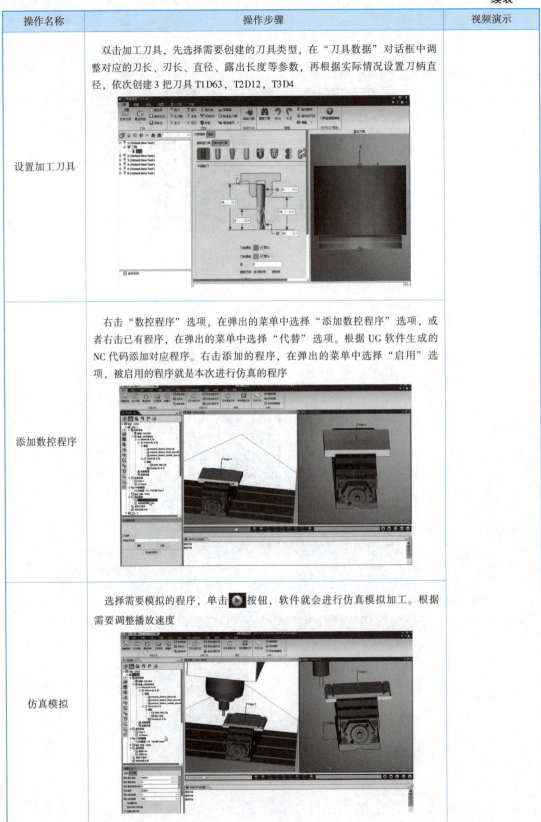

续表

操作名称	操作步骤	视频演示
翻面仿真模拟	复制工件,单击空白位置,右击,从弹出的菜单中选择"粘贴"选项;单击机床,选择毛料单击 ▶ 按钮。调整刀反面模拟状态;选择配置模型中的选项,选择旋转中心为工件坐标系原点,增量设置为180,选择 X 轴进行旋转;调整虎钳位置,夹紧零件;调整坐标系位置,启用对应程序,单击 ▶ 按钮,进行翻面后的仿真模拟	

步骤六 完成零件加工

1. 工件安装

将垫铁置于零件毛坯下方,并将零件装夹到机床工作台的精密虎钳上,用手锤敲击零件表面,使其底面与垫铁、虎钳贴实并夹紧,保证零件露出高度不小于 20 mm,如图 5 - 13 所示。

赛件实操加工

图 5 - 13 底板零件加工工件安装

2. 刀具安装

把刀具安装到刀柄上并锁紧，移动主轴到安全位置，根据需要实行自动换刀，把对应刀具换到主轴上。左手握住刀柄，右手食指按住换刀开关，卸下刀具；更换为新刀具后，再次按住换刀开关，把新刀具的凹槽对准主轴上的突起向上推送，将刀具安装在主轴上。松开按住换刀开关的右手，再缓慢松开左手，转动主轴观察刀具是否安装牢固，然后将 $\phi63$ mm 盘刀、$\phi12$ mm 立铣刀、$\phi4$ mm 立铣刀依次装入指定刀位，如图 5-14 所示。

图 5-14　大赛底板零件加工刀具安装

3. 对刀

试切法对刀。

（1）分中对刀法。利用刀具对零件左右两侧进行试切，记录两侧切削位置的坐标值，两侧坐标值相加除以 2 后就是零件中心坐标。采用试切法对刀完成 X、Y 两个方向对刀，如图 5-15（a）所示。

（2）刀具切削零件上表面，当刚刚出现飞屑时，记录 Z 坐标值。在刀偏表内设置 Z 向刀具高度，完成 Z 向对刀，如图 5-15（b）所示。

(a)　　　　　　　　　　(b)

图 5-15　大赛底板零件加工对刀

(a) X 向、Y 向对刀；(b) Z 向对刀

4. 自动加工

将刀具移动到安全位置，选择对应的程序，将机床调整到自动状态，单击"循环启动"按钮，直至加工结束，如图 5-16 所示。

5. 尺寸检测

按图纸要求，利用游标卡尺和千分尺检测零件右侧外径、长度及倒角尺寸，如图 5-17 所示。

图 5-16 大赛底板零件自动加工

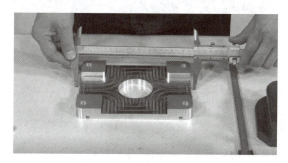

图 5-17 大赛底板零件加工尺寸检测

  零件精度检测与评价

1. 职业素质考核

职业素质考核评价标准见表 5-7。

表 5-7 职业素质考核评价标准

考核项目		考核内容	配分/分	扣分/分	得分/分
加工前准备	纪律	服从安排、清扫场地等。违反一项扣 1 分	2		
	安全生产	安全着装、按规程操作等。违反一项扣 1 分	2		
	职业规范	机床预热，按照标准进行设备点检。违反一项扣 1 分	4		
加工操作过程	打刀	每打一次刀扣 2 分	4		
	文明生产	工具、量具、刀具定置摆放，工作台面整洁等。违反一项扣 1 分	4		
	违规操作	用砂布、锉刀修饰，锐边没倒钝或倒钝尺寸太大等没按规定的操作行为，扣 1~2 分	4		
加工结束后设备保养	清洁、清扫	清理机床内部的铁屑，确保机床表面各位置的整洁，清扫机床周围的卫生，做好设备的保养。违反一项扣 1 分	4		
	整理、整顿	工具、量具的整理与定置管理。违反一项扣 1 分	2		
	素养	严格执行设备的日常点检工作。违反一项扣 1 分	4		
出现撞机床或工伤		出现撞机床或工伤事故整个测评成绩记 0 分			
合计			30		

2. 评分标准及检测报告

评分标准及检测报告见表 5-8。

表 5-8 评分标准及检测报告

序号	检测项目	检测内容	检测要求	配分/分	学员自测尺寸	教师评价	
						检测结果	得分/分
1	6 mm 直线槽	$6_{\ 0}^{+0.05}$ mm	超差不得分	10			
2		$5_{\ 0}^{+0.06}$ mm	超差不得分	5			
3		(149±0.02) mm	超差不得分	5			
4	零件外轮廓	(196±0.05) mm	超差不得分	5			
5		(162±0.05) mm	超差不得分	5			
6		$R6$ mm	超差不得分	2			
7		(20±0.05) mm	超差不得分	5			
8	矩形凸台	(42.92±0.05) mm	超差不得分	2			
9		(46±0.05) mm	超差不得分	2			
10		(10±0.03) mm	超差不得分	5			
11		(70±0.03) mm	超差不得分	2			
12		(110.15±0.03) mm	超差不得分	2			
13	中心圆孔	$\phi 60_{\ 0}^{+0.02}$ mm	超差不得分	10			
14	4 个圆形腔	$\phi 12_{\ 0}^{+0.02}$ mm	超差不得分	5			
15		(10±0.03) mm	超差不得分	5			
	合计			70			

3. 在线答题

扫描下方二维码进行答题。

课前小故事

1. 名言警句
只做一件事容易得很，把一件事做好就需要工匠精神。

2. 故事背景
型腔铣削，几乎大多数零件的粗加工都会使用，但针对不同的零件仍要注意细节。

3. 故事内容
熟能生巧的典故。北宋有个射箭能手叫陈尧咨，一天，他在自家的园圃里射箭，十中八九，旁观者拍手称绝，陈尧咨自己也很得意，但观众中有个卖油的老头只略微点头，不以为然。陈尧咨很不高兴，问："你会射箭吗？你看我射箭怎样？"老头很干脆地回答："我不会射箭，但你射箭并没有什么奥妙，只是手法熟练而已。"在陈尧咨的追问下，老头把一个铜钱盖在一个盛油的葫芦口上，取勺油高高地倒向铜钱眼，整勺油倒光，未见铜钱眼沾有一滴油。老头对陈尧咨说："我也没有什么奥妙的地方，只不过手法熟练而已。"

"大国工匠"李刚蒙眼插线、穿插自如，方寸之间能插接百条线路，是工匠精神的真实体现。

项目六　内腔成型模零件编程与加工

步骤一　内腔成型模零件编程与加工任务

项目名称

1. 项目描述
单件或小批量生产内腔成型模具零件，毛坯为 110 mm × 70 mm × 46 mm 的 6061 铝合金。

要求：设计数控加工工艺方案，编制机械加工工艺卡和数控铣刀具卡，并利用 UG NX 12.0 软件进行零件的程序编制。程序编写完成后进行加工仿真，确认程序无误后利用 VDM850B 数控加工中心加工出合格的零件，检验合格后入库。

2. 问题导向
（1）在 UG NX 12.0 软件中，针对曲面加工常用的策略有哪些？

（2）在 UG NX 12.0 软件中，加工圆弧面选择"固定轮廓铣"策略时，哪些参数会影响最终的零件表面效果？

（3）在 Vericut 仿真软件中，如何创建多工序加工？

（4）针对平面加工，"带边界面铣"与"自适应铣削"的刀路有什么区别？

项目准备

(1) 每组一张零件图纸，如图 6-1 所示。

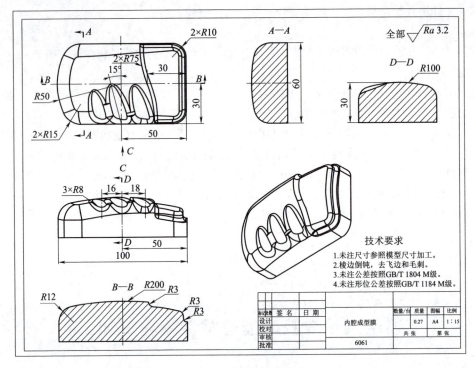

图 6-1　内腔成型模零件图纸

(2) 设备：FANUC 0i 数控系统 VDM850B 数控加工中心。
(3) 刀具：ϕ16 mm 立铣刀，ϕ10 mm 球刀，ϕ6 mm 球刀。
(4) 量具：0~250 mm 游标卡尺，0~200 mm 高度尺。
(5) 工具：平口钳扳手，内六角扳手，活动扳手，垫片，橡胶锤，卫生清洁工具。
(6) 毛坯：110 mm × 70 mm × 46 mm 的 6061 铝合金。

项目目标

1. 知识目标

(1) 掌握制订内腔成型模零件加工工艺及工序的方法，掌握不同刀具的加工特点。
(2) 掌握 UG NX 12.0 软件编程加工模块的操作流程。
(3) 掌握 UG NX 12.0 软件的"固定轮廓铣"加工策略。
(4) 掌握相关量具及工具的使用方法和标准。

2. 技能目标

(1) 能够根据零件特点选择合适的加工策略。
(2) 能够创建三维曲面加工策略并根据仿真结果优化策略的加工参数。
(3) 能够正确地分析零件的加工区域特征，从而选择合适的加工刀具。

3. 锻炼与培养目标

(1) 培养学生的团队协作能力。

(2) 培养学生发现问题并解决问题的能力。
(3) 培养学生处理复杂工件的能力。

步骤二　分析内腔成型模零件图纸

数控加工的一般流程

数控加工的一般流程分为分析图纸；选择合适的加工设备并确认其配置；合理安排装夹方式，确定加工工艺路线；确认切削工具；编写加工程序，确认加工参数；零件首件试切。详细的流程同项目一步骤二。

技术要求分析

1. 毛坯性质

毛坯外形尺寸为 110 mm × 70 mm × 46 mm，材质为 6061 铝合金。

2. 尺寸公差

(1) 尺寸公差：全部尺寸公差按照 GB/T 1804 M 级。
(2) 形位公差：全部形位公差按照 GB/T 1184 M 级。

3. 表面粗糙度要求

全部表面粗糙度要求为 Ra 3.2 μm。

制订加工路线

工序一：采用平口钳装夹。
(1) 使用 D16 立铣刀对零件进行整体开粗，预留加工余量 0.5 mm。
(2) 使用 D16 立铣刀精加工零件侧壁外轮廓，保证加工尺寸精度和表面粗糙度要求。
(3) 使用 D10 球刀对零件表面的凹槽进行二次粗加工，预留精加工余量 0.2 mm。
(4) 使用 D10 球刀对零件所有曲面进行精加工，保证加工尺寸精度和表面粗糙度要求。
(5) 使用 φ6 mm 球刀，采用精铣的方式清理上一步骤曲面残留区域，保证其表面粗糙度和尺寸公差要求。

工序二：采用平口钳装夹。
零件翻面，粗、精铣零件上表面，保证加工尺寸精度和表面粗糙度要求。

步骤三　制订内腔成型模零件加工工艺卡

内腔成型模零件加工工艺卡见表 6-1。

表 6-1 内腔成型模零件加工工艺卡

机械加工工序卡片			零件图号		图 6-1	
			零件名称		内腔成型模	
加工示意图		装夹图	车间	工序号	工序名称	材料牌号
			机加车间	10	数铣	6061
			毛坯尺寸		设备名称	
		G54：X、Y 四面分中，顶面对刀为 Z0，露出高度不小于 35 mm	110 mm×70 mm×46 mm		数控加工中心	
			第 1 页		共 2 页	
工序号	工序内容	加工策略	刀具	刀长/mm	主轴转速/(r·min⁻¹)	进给量/(mm·min⁻¹)	切削深度/mm	余量/mm	量具

工序号	工序内容	加工策略	刀具	刀长/mm	主轴转速/(r·min^{-1})	进给量/(mm·min^{-1})	切削深度/mm	余量/mm	量具
10	零件整体开粗	型腔铣	T1D16	35	2 400	1 500	0.5	0.3	游标卡尺
20	精加工零件侧壁外轮廓	平面铣	T1D16	40	3 000	1 000	1	0	游标卡尺
30	对零件表面的凹槽进行二次粗加工	拐角粗加工	T2B10	25	3 600	1 200	0.5	0.3	游标卡尺
40	精加工曲面	固定轴轮廓铣	T2B10	25	4 000	1 600	0.2	0	游标卡尺
50	清角	清根参考刀具	T3B6	20	4 000	1 600	0.2	0	游标卡尺

机械加工工序卡片			零件图号		图 6-1	
			零件名称		内腔成型模	
加工示意图		装夹图	车间	工序号	工序名称	材料牌号
			机加车间	10	数铣	6061
			毛坯尺寸		设备名称	
		G54：X、Y 四面分中，顶面对刀为 Z0，露出高度不小于 15 mm	110 mm×70 mm×46 mm		数控加工中心	
			第 2 页		共 2 页	

工序号	工序内容	加工策略	刀具	刀长/mm	主轴转速/(r·min^{-1})	进给量/(mm·min^{-1})	切削深度/mm	余量/mm	量具
60	粗铣零件上表面	自适应铣削	T1D16	35	4 000	2 400	200	0.3	高度尺
70	精铣零件上表面	带边界面铣	T1D16	35	3 500	1 000	1	0	高度尺
编制		电话		审核		日期			

步骤四　创建内腔成型模零件加工程序

知识链接

1. 工件坐标系确立原则

工件坐标系是编程人员在编程时使用的坐标系。编程人员选择工件上的某一已知点为原点（又称编程零点），建立一个新的坐标系，称为工件坐标系。工件坐标系一旦建立便一直有效，直到被新的工件坐标系取代。工件坐标系原点的确定一般通过对刀实现。设置工件坐标系原点的一般原则如下：

（1）工件坐标系原点选在工件图样的尺寸基准上，这样可以直接用图样标注的尺寸作为编程点的坐标值，以减少计算工作量和错误。

（2）工件坐标系原点的设置位置能使工件方便装夹、测量和检验。

（3）工件坐标系原点尽量选在尺寸精度较高、表面粗糙度比较小的工件表面上，以提高加工精度并保证同一批零件的一致性。

（4）对称零件或以同心圆为主的零件，工件坐标系原点应选在对称中心线或圆心上。工件坐标系原点通常设置在工件内外轮廓的某一个角上。

（5）Z 轴的编程零点通常选在工件的上表面。

（6）对于形状复杂的零件，需要编制几个程序或子程序。为了编程方便和减少坐标值的计算，编程零点不一定设在工件坐标系原点上，而设在便于程序编制的位置。

2. 确定内腔成型模零件工件坐标系

正面加工时以毛坯上表面中心为坐标原点，如图 6-2（a）所示。
反面加工时以毛坯上表面中心为坐标原点，如图 6-2（b）所示。

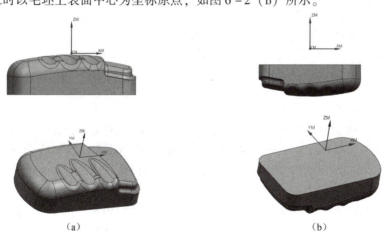

(a)　　　　　　　　　　　　　　　(b)

图 6-2　确定内腔成型模零件工件坐标系
(a) 正面加工时工件坐标系；(b) 反面加工时工件坐标系

3. UG NX 12.0 软件固定轮廓铣

固定轮廓铣多用于加工曲面、圆弧面等位置。创建工序流程，如图 6-3 所示。

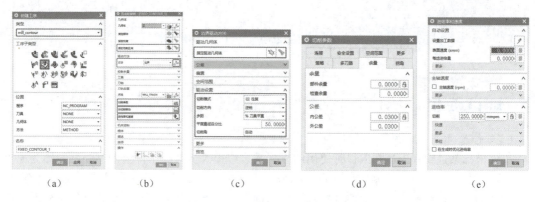

(a) (b) (c) (d) (e)

图 6-3 内腔成型模零件加工创建工序流程

(a)"创建工序"对话框;(b)"固定轮廓铣"对话框;(c)"边界驱动方法"对话框;
(d)"切削参数"对话框;(e)"进给率和速度"对话框

(1) 单击"创建工序"按钮,打开"创建工序"对话框,在"类型"下拉列表中选择 mill_contour 选项;在"工序子类型"选项组中选择"固定轮廓铣"选项,调整刀具、几何体,并对工序命名,如图 6-3(a)所示。

(2) 打开"固定轮廓铣"对话框,单击"指定切削区域"按钮,在视图中选取需要加工的区域,单击"确定"按钮,如图 6-3(b)所示。

(3) 单击"驱动方法"右侧扳手按钮,打开"边界驱动方法"对话框,调整驱动边界、切削方式、切削方向、步距等参数,如图 6-3(c)所示。

(4) 在"刀轴"选项组的"轴"列表中选择"+ZM 轴"选项。

(5) 单击"切削参数"按钮,在"切削参数"对话框中调整切削余量,如图 6-3(d)所示。

(6) 根据刀具直径选择切削参数。单击"进给率和速度"按钮,根据刀具直径,设置对应的刀具转速与进给率,设置完成后单击右侧计算器按钮。单击"确定"按钮,如图 6-3(e)所示。

(7) 在"固定轮廓铣"对话框的"操作"选项组中单击"生成"按钮,生成刀轨。

内腔成型模零件正面加工程序创建步骤

1. 进入 UG NX 12.0 软件的加工模块

选择"应用模块"→"加工"选项,打开"加工环境"对话框,在"CAM 会话配置"列表中选择 cam_general 选项,在"要创建的 CAM 组装"列表中选择 mill_planar 选项,单击"确定"按钮,进入加工环境,如图 6-4 所示。

进入加工模块

2. 创建坐标系

选择"创建几何体"→"创建坐标系 MCS"选项,打开 MCS 对话框。设置加工坐标原点,选取零件上表面,如图 6-5 所示。安全平面是方便后续工序中抬刀可以设置到安全平面,快速移刀时会先移动到安全平面。如果有夹具,则需要注意安全平面高度。

创建坐标系

图 6-4 内腔成型模零件正面加工模块

图6-4 内腔成型模零件正面加工模块（续）

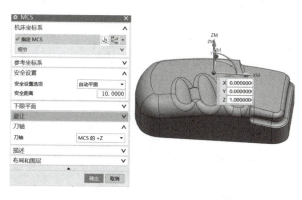

图6-5 内腔成型模零件正面加工创建坐标系

3. 创建几何体

在"工件"对话框中单击"选择和编辑部件几何体"按钮，打开"部件几何体"对话框，选择待加工部件，单击"确定"按钮。

在"工件"对话框中单击"选择和编辑毛坯几何体"按钮，打开"毛坯几何体"对话框，选择提前创建好的零件毛坯，单击"确定"按钮，如图6-6所示（上、下表面保留1 mm余量，为了去除表面氧化层）。

创建几何体

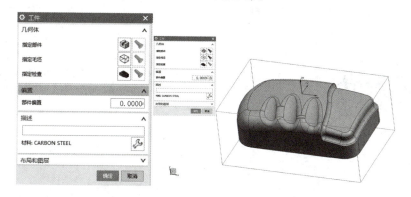

图6-6 内腔成型模零件正面加工创建几何体

项目六 内腔成型模零件编程与加工

4. 创建刀具

创建 φ16 mm 立铣刀和 φ10 mm、φ6 mm 球刀,并分别标注刀号。

选择"主页"→"刀片"→"创建刀具"选项,打开"创建刀具"对话框,在"类型"下拉列表中选择 mill_contour 选项;在"刀具子类型"选项组中选择 mill 选项,在"名称"文本框中输入刀具名称。设置刀具对应直径、下半径、刀刃长度、刀具号等参数,单击"确定"按钮,如图 6-7 所示。

创建刀具

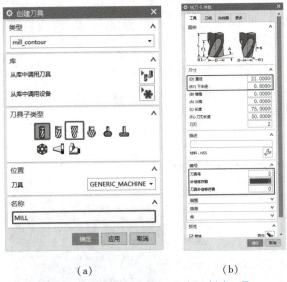

图 6-7 内腔成型模零件正面加工创建刀具

(a)"创建刀具"对话框;(b)"铣刀-5 参数"对话框

5. 创建工序

内腔成型模零件正面加工工序见表 6-2。

表 6-2 内腔成型模零件正面加工工序

工序号	工序名称	操作步骤	操作视频
10	零件整体开粗	使用型腔铣 CAVITY_MILL 策略对零件进行整体粗铣,指定面边界选择上表面外框,刀具选择 D16 立铣刀。"部件侧面余量"设置为 0.3 mm,"切削层"设置为 0.5 mm,"主轴速度"设置为 2 400 r/min,切削进给率设置为 1 500 mm/min 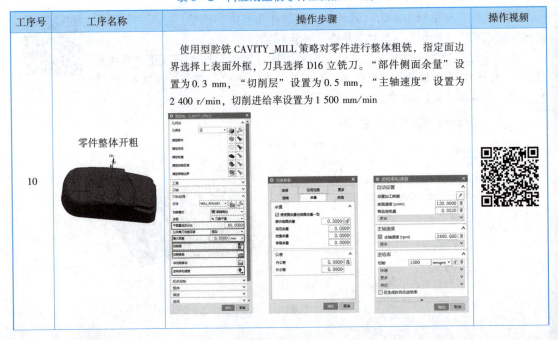	

122 ■ 典型零件数控铣床加工技术——UG 编程 Vericut 仿真

续表

工序号	工序名称	操作步骤	操作视频
20	精加工侧壁外轮廓	使用平面铣 PLANAR_MILL 策略，对零件外轮廓进行铣削。部件边界选择零件底面外轮廓，刀具选择 D16 立铣刀，"切削层"设置为"仅底层"，"主轴速度"设置为 3 000 r/min，切削进给率设置为 1 000 mm/min	
30	对零件表面的凹槽进行二次粗加工	使用拐角粗加工 CORNER_ROUGH 策略，不选择加工平面，软件自动计算残余部分进行加工。刀具选择 D10 球刀，"主轴速度"为 3 600 r/min，切削进给率设置为 1 200 mm/min	

项目六　内腔成型模零件编程与加工　123

续表

工序号	工序名称	操作步骤	操作视频
40	精加工曲面	使用固定轴轮廓铣 FIXED_CONTOUR 策略进行上平面曲面铣削，选择 D10 球刀作为加工刀具，"指定切削区域"选择上表面所有曲面，调整区域切削驱动方式参数后，"切削深度"设置为恒定 0.2 mm 或选择残余高度 0.25 mm。"主轴速度"设置为 4 000 r/min，切削进给率设置为 1 600 mm/min	
50	清角	使用清根参考刀具 FLOWCUT_REF_TOOL 策略，不指定切削区域，通过软件自行计算行程刀路，然后选择 D6 球刀。确定进给率和速度，"主轴速度"设置为 4 000 r/min，切削进给率设置为 1 600 mm/min	

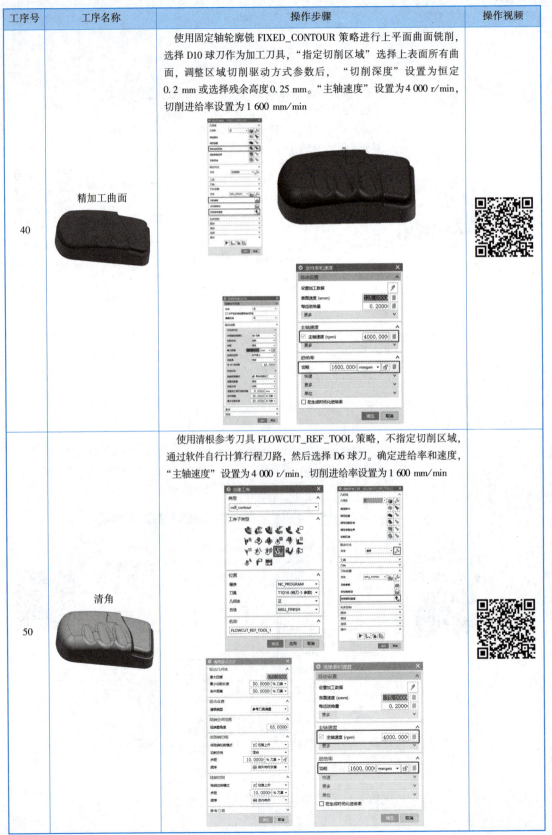

6. 生成刀路轨迹并确认

内腔成型模零件正面加工刀路轨迹见表6-3。

表6-3 内腔成型模零件正面加工刀路轨迹

工序号	工序名称	操作步骤	刀轨确认	操作结果	动画演示（演示刀具切削过程）
10	零件整体开粗	选择对应的工序并选择"确认刀轨"选项，观看相关动画，并仔细观察是否有未加工或过切位置 	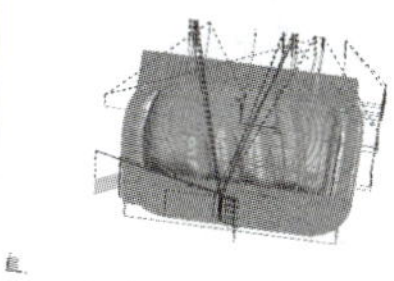	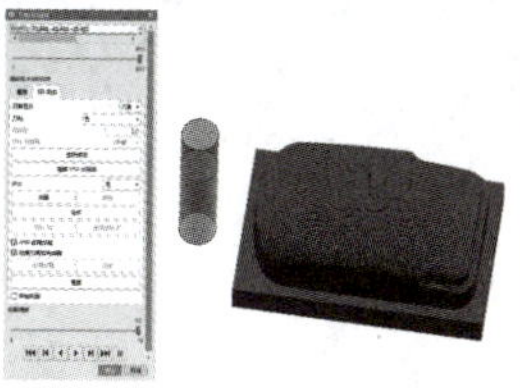	
20	精加工侧壁外轮廓	^	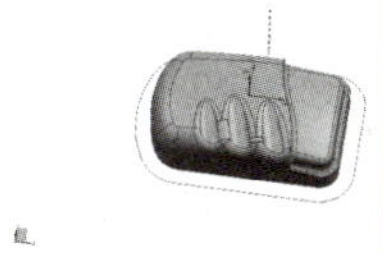	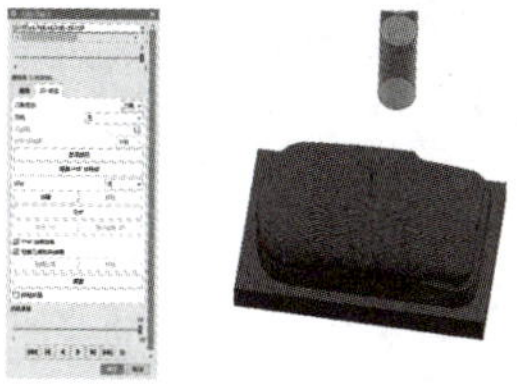	
30	对零件表面的凹槽进行二次粗加工		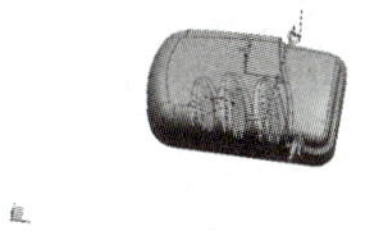	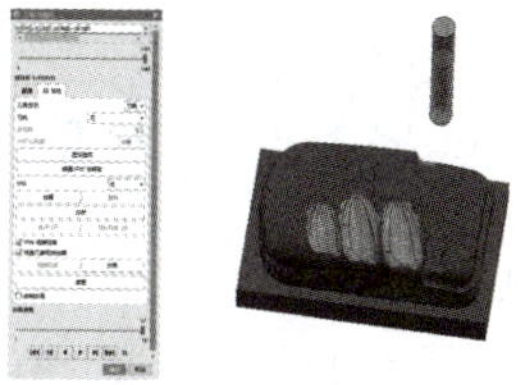	
40	精加工曲面			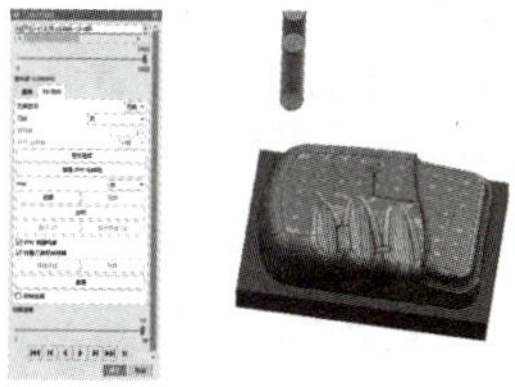	
50	清角			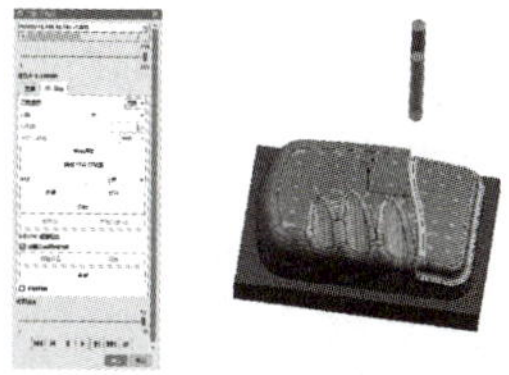	

7. 生成后处理文件

选择需要的程序，如果是加工中心，可以选择一次性装夹所有工序，生成后处理文件。选择"主页"→"工序"→"后处理"选项，打开"后处理"对话框，在"后处理器"列表中选择 MILL_3_AXIS 选项。选择需要保存的位置后单击"确定"按钮，如图6-8所示。

生成后处理文件

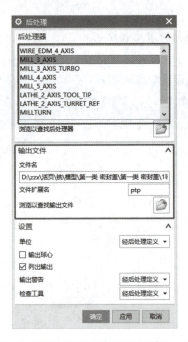

图6-8 内腔成型模零件正面加工生成后处理文件

内腔成型模零件反面加工程序创建步骤

1. 创建坐标系

选择"创建几何体"→"创建坐标系 MCS"选项，打开 MCS 对话框，设置加工坐标原点。选取零件上表面，并把 Z 轴旋转180°；或者复制正面的坐标系并把 Z 轴旋转180°，如图6-9所示。

反面创建坐标系

图6-9 内腔成型模零件反面加工创建坐标系

2. 创建几何体

指定部件、毛坯可以直接将上一工序仿真后的结果创建为 IPW 过程工件，作为第二序毛坯使用。在选择毛坯时，过滤器选择"小平面体"选项，或者直接复制正面的毛坯几何体，如图6-10所示。

反面创建几何体

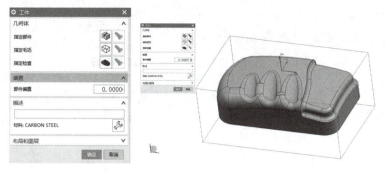

图6-10 内腔成型模零件反面加工创建几何体

3. 创建工序

内腔成型模零件反面加工工序见表6-4。

表6-4 内腔成型模零件反面加工工序

工序号	工序名称	操作步骤	操作视频
60	粗铣零件上表面	使用自适应铣削 ADAPTIVE_MILLING 策略粗铣上表面,自适应铣削主要用于零件粗加工,是用侧刃加工,所以步距不能过大,通常为刀具直径的8%,刀具选择 D16 立铣刀。"部件底面余量"设置为 0.3 mm,"主轴速度"设置为 4 000 r/min,切削进给率设置为 2 400 mm/min	
70	精铣零件上表面	选用面铣 FACE_MILLING 策略,切削区域选择零件下表面外轮廓,选择 D16 立铣刀,"切削模式"选择"跟随周边","主轴速度"设置为 3 500 r/min,切削进给率设置为 1 000 mm/min	

4. 生成刀路轨迹并确认

内腔成型模零件反面加工刀路轨迹见表6-5。

表6-5 内腔成型模零件反面加工刀路轨迹

工序号	工序名称	操作步骤	刀轨确认	操作结果	动画演示（演示刀具切削过程）
60	粗铣零件上表面	选择对应的工序并选择"确认刀轨"选项，观看相关动画，并仔细观察是否有未加工或者过切位置			
70	精铣零件上表面				

5. 生成后处理文件

选择需要的程序，如果是加工中心，可以选择一次性装夹所有工序，生成后处理文件。选择"主页"→"工序"→"后处理"选项，打开"后处理"对话框，在"后处理器"列表中选择 MILL_3_AXIS 选项。选择需要保存的位置后单击"确定"按钮，如图6-11所示。

反面生成后处理文件

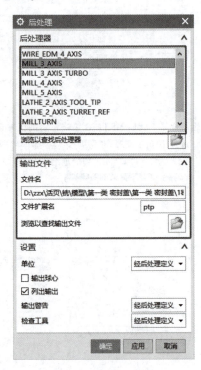

图6-11 内腔成型模零件反面加工生成后处理文件

步骤五　模拟仿真实践

程序编制完成后，利用仿真软件对内腔成型模零件进行仿真加工操作，见表6-6。

表6-6　内腔成型模零件仿真加工操作

操作名称	操作步骤	视频演示
打开项目	打开软件，选择"打开项目"选项，选择设置好参数的机床。为方便观察与操作，选择双屏 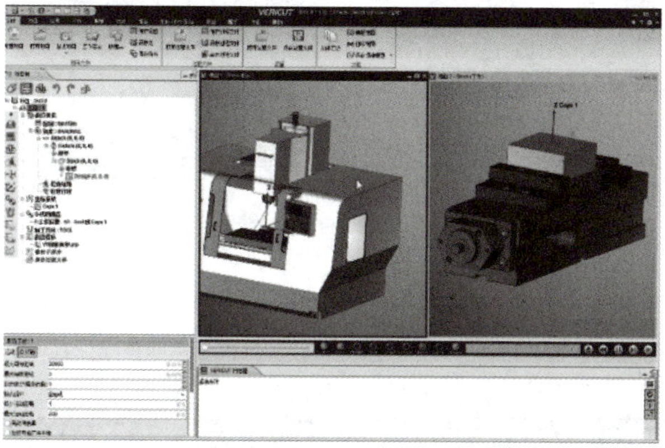	
设置毛料	单击"模型"按钮，在"毛坯类型"选项中，选择"立方块"选项，并设置毛坯长宽高分别为110，70，46 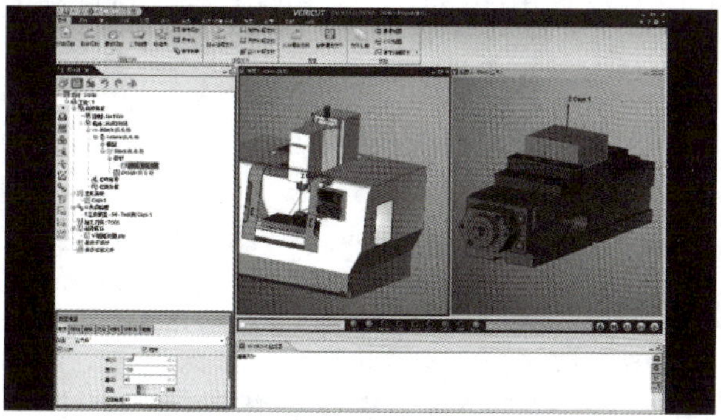	
装夹毛料	在工件视图中选择"虎钳口"选项，在配置模型中选择"移动"选项，设置为5 mm移动，并移动到合适位置。其中3个0分别代表X、Y、Z三轴的移动距离 选择"虎钳"选项，在配置模型中选择"组合"→"配对右边箭头"→"毛料与虎钳口"选项，需要注意的是，想让虎钳口在配对中移动，就选择"虎钳口"→"配对"选项；如果想让毛料移动，就选择"毛料"→"虎钳口"选项。最后需要调整毛料的X向、Z向 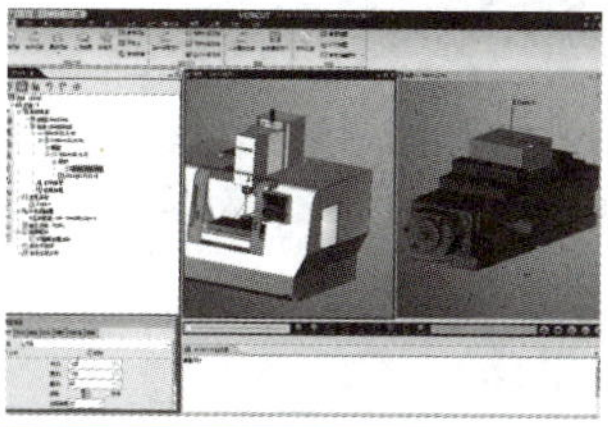 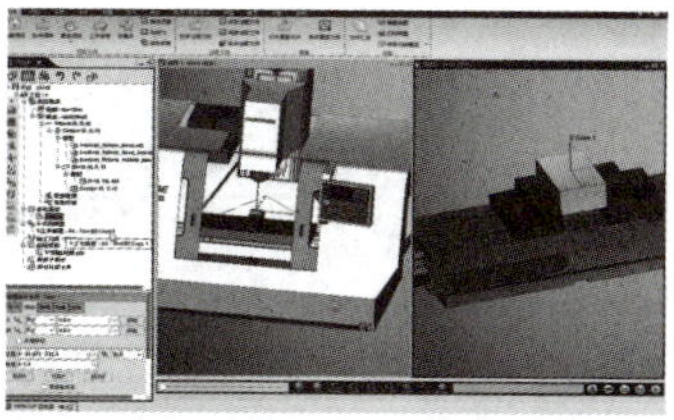	

项目六　内腔成型模零件编程与加工

续表

操作名称	操作步骤	视频演示
设置坐标系	选择坐标系统 Csys1，将坐标系原点设在零件上表面中心位置 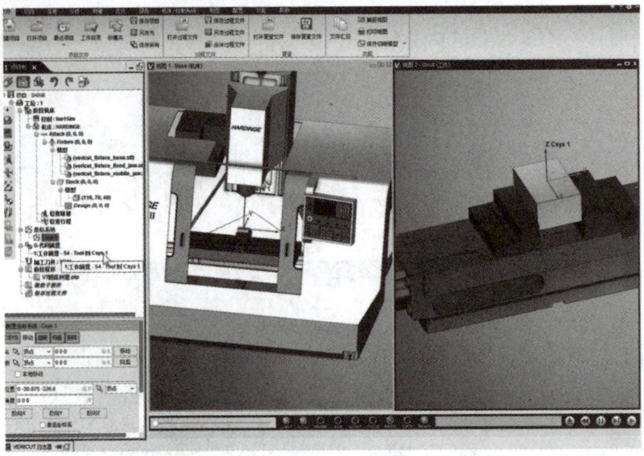	
设置加工刀具	双击加工刀具，先选择需要创建的刀具类型，在"刀具数据"对话框中调整对应的刀长、刃长、直径、露出长度等参数，再根据实际情况设置刀柄直径，依次创建 3 把刀具 T1D16、T2B10、T3B6 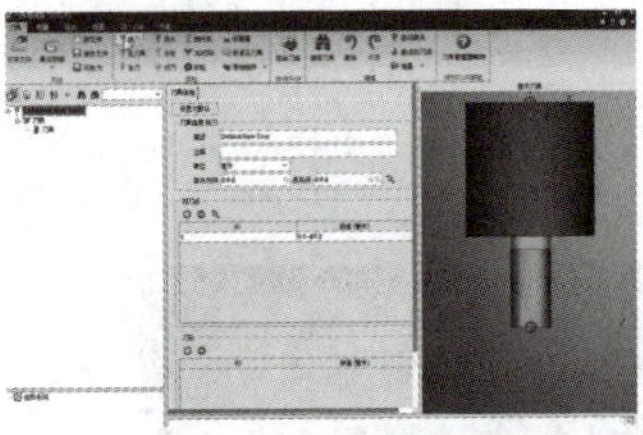 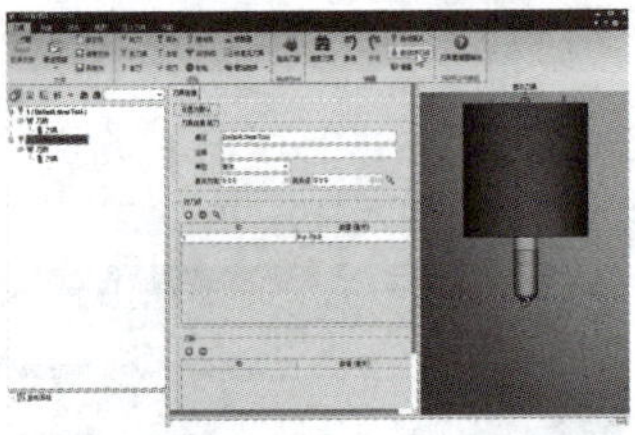	
添加数控程序	右击"数控程序"选项，在弹出的菜单中选择"添加数控程序"选项，或者右击已有程序，在弹出的菜单中选择"代替"选项。根据 UG 软件生成的 NC 代码添加对应程序。右击添加的程序，在弹出的菜单中选择"启用"选项，被启用的程序，就是本次进行仿真的程序 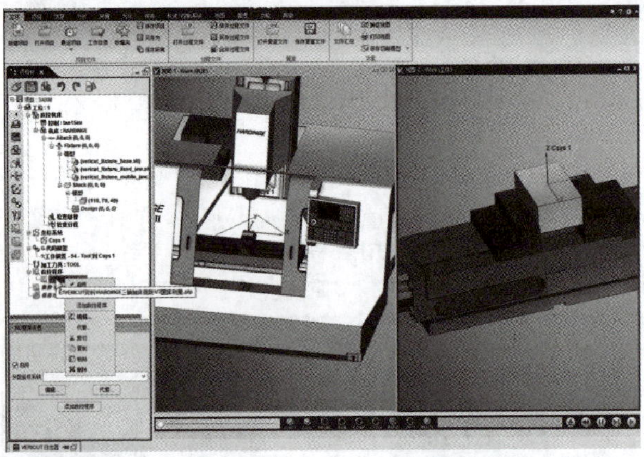	

续表

操作名称	操作步骤	视频演示
仿真模拟	选择需要模拟的程序,单击 ▶ 按钮。软件就会进行仿真模拟加工。根据需要调整播放速度	
翻面仿真模拟	复制工件,单击空白位置,右击,在弹出的菜单中选择"粘贴"选项;单击机床,选择毛料单击 ▶ 按钮。调整刀反面模拟状态;选择配置模型中的选项,选择旋转中心为工件坐标系原点,增量设置为180,选择 X 轴进行旋转;调整虎钳位置,夹紧零件;调整坐标系位置,启用对应程序,单击 ▶ 按钮,进行翻面后的仿真模拟	

步骤六　完成零件加工

内腔成型模实
操加工及检测

1. 工件安装

将垫铁置于零件毛坯下方,并将零件装夹到机床工作台的精密虎钳上,用手锤敲击零件表面,使其底面与垫铁、虎钳贴实并夹紧,保证零件露出高度不小于 35 mm,如图 6-12 所示。

项目六　内腔成型模零件编程与加工　131

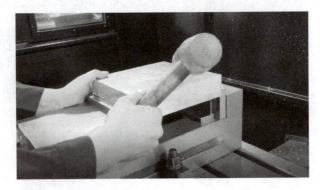

图 6-12 内腔成型模零件加工工件安装

2. 刀具安装

把刀具安装到刀柄上并锁紧，移动主轴到安全位置，根据需要实行自动换刀，把对应刀具换到主轴上。左手握住刀柄，右手食指按住换刀开关，卸下刀具；更换为新刀具后，再次按住换刀开关，把新刀具的凹槽对准主轴上的突起向上推送，将刀具安装在主轴上。松开按住换刀开关的右手，再缓慢松开左手，转动主轴观察刀具是否安装牢固，然后将 φ16 mm 立铣刀、φ10 mm 球刀、φ6 mm 球刀依次装入指定刀位，如图 6-13 所示。

图 6-13 内腔成型模零件加工刀具安装

3. 对刀

试切法对刀。

（1）分中对刀法。利用刀具对零件左右两侧进行试切，记录两侧切削位置的坐标值，两侧坐标值相加除以 2 后就是零件中心坐标。采用试切法对刀完成 X、Y 两个方向对刀，如图 6-14（a）所示。

（2）刀具切削零件上表面，当刚刚出现飞屑时，记录 Z 坐标值。在刀偏表内设置 Z 向刀具高度，完成 Z 向对刀，如图 6-14（b）所示。

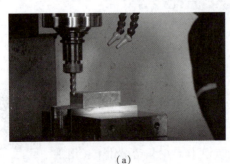

(a)

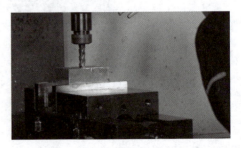

(b)

图 6-14 内腔成型模零件加工对刀

(a) X 向、Y 向对刀；(b) Z 向对刀

4. 自动加工

将刀具移动到安全位置,选择对应的程序,将机床调整到自动状态,单击"循环启动"按钮,直至加工结束,如图6-15所示。

图6-15 内腔成型模零件自动加工

5. 尺寸检测

按图纸要求,利用游标卡尺和千分尺检测零件右侧外径、长度及倒角尺寸,如图6-16所示。

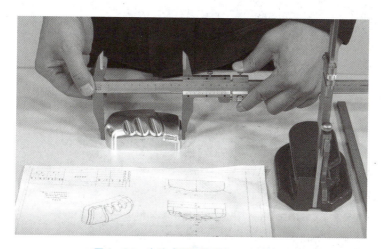

图6-16 内腔成型模零件加工尺寸检测

步骤七 零件精度检测与评价

1. 职业素质考核

职业素质考核评价标准见表6-7。

表 6–7　职业素质考核评价标准

考核项目		考核内容	配分/分	扣分/分	得分/分
加工前准备	纪律	服从安排、清扫场地等。违反一项扣 1 分	2		
	安全生产	安全着装、按规程操作等。违反一项扣 1 分	2		
	职业规范	机床预热，按照标准进行设备点检。违反一项扣 1 分	4		
加工操作过程	打刀	每打一次刀扣 2 分	4		
	文明生产	工具、量具、刀具定置摆放，工作台面整洁等。违反一项扣 1 分	4		
	违规操作	用砂布、锉刀修饰，锐边没倒钝或倒钝尺寸太大等没按规定的操作行为，扣 1~2 分	4		
加工结束后设备保养	清洁、清扫	清理机床内部的铁屑，确保机床表面各位置的整洁，清扫机床周围的卫生，做好设备的保养。违反一项扣 1 分	4		
	整理、整顿	工具、量具的整理与定置管理。违反一项扣 1 分	2		
	素养	严格执行设备的日常点检工作。违反一项扣 1 分	4		
出现撞机床或工伤		出现撞机床或工伤事故整个测评成绩记 0 分			
合计			30		

2. 评分标准及检测报告

评分标准及检测报告见表 6–8。

表 6–8　评分标准及检测报告

序号	检测项目	检测内容	检测要求	配分/分	学员自测尺寸	教师评价	
						检测结果	得分/分
1	外轮廓	(100±0.3) mm	超差不得分	15			
2		(60±0.3) mm	超差不得分	10			
3		(30±0.2) mm	超差不得分	5			
4		R (15±1) mm	超差不得分	5			
5		R (50±2) mm	超差不得分	5			
6		R (10±1) mm	超差不得分	5			
7	立面轮廓表面粗糙度	Ra 3.2 μm	超差不得分				
8	型腔表面粗糙度	Ra 3.2 μm	超差不得分	10			
9	凹槽表面粗糙度	Ra 3.2 μm	超差不得分	10			
合计				70			

3. 在线答题

扫描下方二维码进行答题。

课前小故事

1. 名言警句

天行健，君子以自强不息。

2. 故事背景

2000 年以前，朱荣生是一名出色的普铣能手（见图 7-1）。从 2000 年开始，"十所"成为全国率先大规模使用数控加工的企业之一，随着军工行业渐渐复苏以及研究所转型，大量研制项目开始转向批量生产。朱荣生也开始了他的转型之路，他放下普铣技能大拿的光环，从零开始学习数控机床，这不是一般人能做出的决定，也正是这样的决定，造就了一位全国技术能手。

3. 故事内容

由于"十所"产品多为小批量，且多品种、高精度、图纸量大，朱荣生在不断工作中探索出高效数控加工中心 HSM600 和立式转换五轴联动加工中心 UCP710 等高精尖设备的技术，使匹配的产能最大化。他还是第三届四川省职工职业技能大赛数控铣床第一名获得者，技能出众，善于钻研，完成所级 QC 研究 3 项，带领编程 QC 小组荣获"四川省电子信息行业优秀质量管理小组"等荣誉称号，解决裂缝天线精密加工技术等关键性问题并获得多项所级技术革新奖。

图 7-1　"全国技术能手"　朱荣生

同时，他解决了薄壁类零件无法保证加工精确的问题，使薄壁类零件一次合格率由原来的 60% 提高到 99.2%。他是第一批应用 UG 加工新方法，使裂缝天线的加工合格率达到 100% 的技能人才。

项目七　轴承座零件编程与加工

步骤一　轴承座零件编程与加工任务

项目名称

1. 项目描述

单件或小批量生产轴承座零件，毛坯为 80 mm × 76 mm × 25 mm 的 6061 铝合金。

要求：设计数控加工工艺方案，编制机械加工工艺卡和数控铣刀具卡，并利用 UG NX 12.0 软件进行零件的程序编制。程序编写完成后进行加工仿真，确认程序无误后利用 VDM850B 数控加工中心加工出合格的零件，检验合格后入库。

2. 问题导向

（1）轴承座零件有哪些作用，主要应用于什么样的工作环境？
（2）在 UG NX 12.0 软件中"铣孔"策略如何使用，策略中的"切削参数"如何设置？
（3）在 Vericut 仿真软件中转换工序时，零件是如何实现翻面的？
（4）在精铣孔时，加工刀路为何要设置成圆弧切入切出，这样做有什么好处？

项目准备

（1）每组一张零件图纸，如图 7-2 所示。

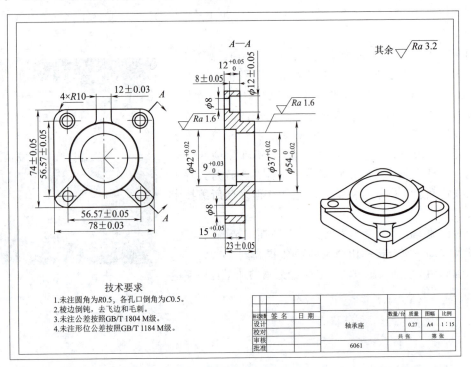

图 7-2　轴承座零件图纸

（2）设备：FANUC 0i 数控系统 VDM850B 数控加工中心。
（3）刀具：ϕ63 mm 面铣刀，ϕ16 mm 立铣刀，ϕ12 mm 立铣刀，ϕ8 mm 立铣刀，ϕ8 mm 钻头。
（4）量具：0～300 mm 高度尺，0～250 mm 游标卡尺。
（5）工具：平口钳扳手，内六角扳手，活动扳手，垫片，橡胶锤，卫生清洁工具。
（6）毛坯：80 mm×76 mm×25 mm 的 6061 铝合金。

项目目标

1. 知识目标

（1）掌握制订轴承座零件加工工艺及工序的方法。
（2）掌握 UG NX 12.0 软件"铣孔"策略的使用方法。
（3）掌握相关刀具和夹具的选择、安装及使用方法。
（4）掌握常用相关量具和工具的使用方法。

2. 技能目标

（1）能够熟练掌握 UG NX 12.0 软件"铣孔"策略。

（2）能够熟练掌握类似工件的编程，能够举一反三。
（3）能够熟练使用Vericut仿真软件对零件进行多工位仿真。
（4）能够根据仿真结果利用数控加工中心进行零件加工。

3. 锻炼与培养目标
（1）培养学生对机械加工的兴趣爱好。
（2）培养学生发现问题并解决问题的能力。
（3）培养学生的动手能力。

步骤二　分析轴承座零件图纸

数控加工的一般流程

数控加工的一般流程分为分析图纸；选择合适的加工设备并确认其配置；合理安排装夹方式，确定加工工艺路线；确认切削工具；编写加工程序，确认加工参数；零件首件试切。详细的流程同项目一步骤二。

技术要求分析

1. 毛坯性质
毛坯外形尺寸为 80 mm×76 mm×25 mm，材质为6061铝合金。

2. 尺寸公差
正面需要加工的轮廓：（1）上表面；（2）$\phi 37$ mm、$\phi 42$ mm 圆形腔，需要保证的尺寸有 $\phi 37_{0}^{+0.02}$ mm，$\phi 42_{0}^{+0.02}$ mm，深度 $9_{0}^{+0.03}$ mm；（3）零件外轮廓尺寸（78±0.03）mm，（74±0.05）mm，（56.57±0.05）mm，4个 R10 mm 圆角。

反面需要加工的轮廓：（1）上表面，保证零件总高度为（23±0.05）mm；（2）3个12 mm 宽的凸台，需要保证的尺寸有（12±0.03）mm，距底面高度 $15_{0}^{+0.05}$ mm，$\phi 54_{-0.02}^{\ 0}$ mm；（3）2个 $\phi 12$ mm 的沉头孔，需要保证的尺寸有 ϕ（12±0.05）mm，深度（8±0.05）mm；（4）4个 $\phi 8$ mm 通孔。

3. 表面粗糙度要求
（1）$\phi 37_{0}^{+0.02}$ mm、$\phi 42_{0}^{+0.02}$ mm 轴承孔的表面粗糙度要求为 Ra 1.6 μm；（2）其余表面粗糙度要求为 Ra 6.3 μm。

制订加工路线

工序一：采用平口钳装夹。
（1）使用D63面铣刀粗、精铣零件上表面，保证表面粗糙度 Ra 3.2 μm 的技术要求，保证精修后的上表面距离装夹钳口平面的距离大于15 mm。
（2）使用D16立铣刀粗铣内腔，预留0.2 mm余量。
（3）使用D16立铣刀粗铣零件外轮廓侧壁。
（4）使用D12立铣刀精铣中间 $\phi 37$ mm、$\phi 42$ mm 孔壁，保证尺寸有 $\phi 37_{0}^{+0.02}$ mm，$\phi 42_{0}^{+0.02}$ mm，深度 $9_{0}^{+0.03}$ mm，表面粗糙度 Ra 1.6 μm。
（5）精铣零件外轮廓侧壁，保证尺寸有（78±0.03 mm），（74±0.05）mm，（56.57±0.05）mm，4个 R10 mm 圆角，表面粗糙度 Ra 3.2 μm。

工序二：采用平口钳装夹。

（1）使用 D63 面铣刀粗、精铣零件上表面，保证零件厚度为（23±0.05）mm，表面粗糙度为 $Ra\ 3.2\ \mu m$ 的技术要求。

（2）使用 D12 立铣刀粗对整体轮廓开粗，底面和侧壁预留 0.2 mm 余量。

（3）使用 D8 立铣刀精铣中间 φ54 mm 圆柱侧壁，保证尺寸精度 $\phi 54_{-0.02}^{\ 0}$ mm，表面粗糙度为 $Ra\ 3.2\ \mu m$ 的技术要求。

（4）使用 D8 立铣刀精铣底面及临界面，保证高度 $12_{\ 0}^{+0.05}$ mm，$15_{\ 0}^{+0.05}$ mm，表面粗糙度为 $Ra\ 3.2\ \mu m$ 的技术要求。

（5）使用 Z8 钻头钻 4 个 φ8 mm 孔。

（6）使用 D8 立铣刀粗、精铣 2 个深度为 8 mm 的 φ12 mm 沉头孔，保证尺寸 φ（12±0.05）mm，深度（8±0.05）mm。

步骤三　制订轴承座零件加工工艺卡

轴承座零件加工工艺卡见表 7-1。

表 7-1　轴承座零件加工工艺卡

机械加工工序卡片		零件图号	图 7-2
		零件名称	轴承座

加工示意图	装夹图	车间	工序号	工序名称	材料牌号
	G54：X、Y 四面分中，顶面对刀为 Z0，露出高度不小于 16 mm	机加车间	10	数铣	6061
		毛坯尺寸		设备名称	
		80 mm×76 mm×25 mm		数控加工中心	
		第 1 页		共 2 页	

工序号	工序内容	加工策略	刀具	刀长/mm	主轴转速/(r·min⁻¹)	进给量/(mm·min⁻¹)	切削深度/mm	余量/mm	量具
10	粗铣上表面	带边界面铣	T1D63	10	600	120	0.8	0.2	游标卡尺
20	精铣上表面	带边界面铣	T1D63	10	1 000	200	0.2	0	游标卡尺
30	粗铣内腔	型腔铣	T2D16	35	3 000	1 500	0.5	0.2	游标卡尺
40	粗铣零件外轮廓侧壁	平面轮廓铣	T2D16	35	3 000	1 500	0.5	0.2	游标卡尺
50	精铣中间 φ37 mm、φ42 mm 孔壁	精铣壁	T3D12	35	3 000	1 000	0.5	0	游标卡尺
60	精铣零件外轮廓侧壁	精铣壁	T3D12	35	3 000	1 000	0.2	0	游标卡尺
编制		电话		审核			日期		

续表

机械加工工序卡片		零件图号	图 7-2
		零件名称	轴承座

加工示意图	装夹图	车间	工序号	工序名称	材料牌号
		机加车间	20	数铣	6061
		毛坯尺寸		设备名称	
	G54：X、Y 四面分中，顶面对刀为 $Z0$，露出高度不小于 15 mm	80 mm×76 mm×25 mm		数控加工中心	
		第 2 页		共 2 页	

工序号	工序内容	加工策略	刀具	刀长/mm	主轴转速/(r·min^{-1})	进给量/(mm·min^{-1})	切削深度/mm	余量/mm	量具
70	粗铣上表面	带边界面铣	T1D63	10	600	120	0.8	0.2	游标卡尺
80	精铣上表面	带边界面铣	T1D63	10	1 000	200	0.2	0	游标卡尺
90	对整体轮廓开粗	型腔铣	T3D12	35	3 000	1 500	0.5	0.2	游标卡尺
100	精铣中间 $\phi 54$ mm 圆柱侧壁	精铣壁	T4D8	35	3 500	1 000	0.5	0	游标卡尺
110	精铣底面及临界面	带边界面铣	T4D8	35	3 500	1 000	1	0	游标卡尺
120	钻 4 个 $\phi 8$ mm 孔	钻孔	T5Z8	35	1 200	80	1	0	游标卡尺
130	粗、精铣 2 个深度为 8 mm 的 $\phi 12$ mm 沉头孔	铣孔	T4D8	35	3 000	1 000	1	0	游标卡尺
编制		电话		审核			日期		

步骤四 创建轴承座零件加工程序

知识链接

1. 工件坐标系确立原则

工件坐标系是编程人员在编程时使用的坐标系。编程人员选择工件上的某一已知点为原点（又称编程零点），建立一个新的坐标系，称为工件坐标系。工件坐标系一旦建立便一直有效，直到被新的工件坐标系取代。工件坐标系原点的确定一般通过对刀实现。设置工件坐标系原点的一般原则如下。

（1）工件坐标系原点选在工件图样的尺寸基准上，这样可以直接用图样标注的尺寸作为编程点的坐标值，以减少计算工作量和错误。

（2）工件坐标系原点的设置位置能使工件方便装夹、测量和检验。

（3）工件坐标系原点尽量选在尺寸精度较高、表面粗糙度比较小的工件表面上，以提高加工精度并保证同一批零件的一致性。

（4）对称零件或以同心圆为主的零件，工件坐标系原点应选在对称中心线或圆心上。工件坐标系原点通常设置在工件内外轮廓的某一个角上。

（5）Z 轴的编程零点通常选在工件的上表面。

（6）对于形状复杂的零件，需要编制几个程序或子程序。为了编程方便和减少坐标值的计算，编程零点不一定设在工件坐标系原点上，而设在便于程序编制的位置。

2. 确定轴承座零件工件坐标系

正面加工时以毛坯上表面中心为坐标原点，如图 7-3（a）所示。

反面加工时以毛坯上表面中心为坐标原点，如图 7-3（b）所示。

图 7-3　确定轴承座零件工件坐标系

(a) 正面加工时工件坐标系；(b) 反面加工时工件坐标系

3. UG NX 12.0 软件铣孔

铣孔是指根据设定位置进行铣孔，常用于铣盲孔，通过深度、直径的设置进行铣削。

创建工序流程，如图 7-4 所示。

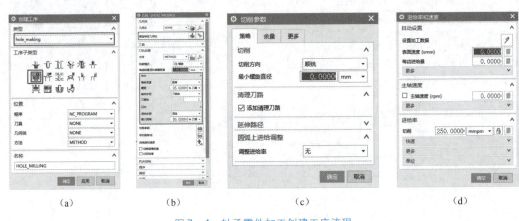

图 7-4　轴承零件加工创建工序流程

(a) "创建工序"对话框；(b) "孔铣"对话框；(c) "切削参数"对话框；(d) "进给率和速度"对话框

（1）单击"创建工序"按钮，打开"创建工序"对话框，在"类型"下拉列表中选择 hole_making 选项；在"工序子类型"选项组中选择"铣孔"选项，调整刀具、几何体，并对工序命名，如图 7-4（a）所示。

（2）打开"孔铣"对话框，单击"指定特征几何体"按钮，在视图中选取需要加工的孔，单击"确定"按钮，如图 7-4（b）所示。

（3）在"刀轴"选项组的"轴"列表中选择"+ZM 轴"选项。

（4）在"孔铣"对话框的"刀轨设置"选项组中将"切削模式"设置为"螺旋"，"每转深度"根据使用刀具直径进行调节,直径大的刀具可以选择更大深度,通常选择根据刀具直径百分比设置每刀深度,如图7-4(b)所示。

(5)根据刀具直径选择切削参数,如图7-4(c)所示。单击"进给率和速度"按钮,根据刀具直径,设置对应的刀具转速与进给率,设置完成后单击右侧计算器按钮。单击"确定"按钮,如图7-4(d)所示。

(6)在"孔铣"对话框中的"操作"选项组中单击"生成"按钮,生成刀轨。

轴承座零件正面加工程序创建步骤

1. 进入UG NX 12.0软件的加工模块

选择"应用模块"→"加工"选项,打开"加工环境"对话框,在"CAM会话配置"列表中选择cam_general选项,在"要创建的CAM组装"列表中选择mill_planar选项,单击"确定"按钮,进入加工环境,如图7-5所示。

进入加工模块

图7-5 轴承座零件正面加工模块

2. 创建坐标系

选择"创建几何体"→"创建坐标系MCS"选项,打开MCS对话框,设置加工坐标原点,选取零件上表面,如图7-6所示。安全平面是方便后续工序中抬刀可以设置到安全平面,快速移刀时会先移动到安全平面。如果有夹具,则需要注意安全平面高度。

创建坐标系

项目七 轴承座零件编程与加工 ▶ 141

图7-6 轴承座零件正面加工创建坐标系

3. 创建几何体

在"工件"对话框中单击"选择和编辑部件几何体"按钮,打开"部件几何体"对话框,选择待加工部件,单击"确定"按钮。

在"工件"对话框中单击"选择和编辑毛坯几何体"按钮,打开"毛坯几何体"对话框,在"类型"下拉列表中选择"包容块"选项,设置好相关参数后,连续单击"确定"按钮,如图7-7所示(上、下表面保留1 mm余量,为了去除表面氧化层)。

创建几何体

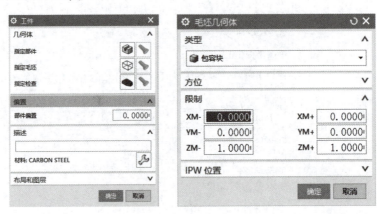

图7-7 轴承座零件正面加工创建几何体

4. 创建刀具

创建 $\phi 63$ mm 面铣刀,$\phi 16$ mm、$\phi 12$ mm、$\phi 8$ mm 立铣刀和 $\phi 8$ mm 钻头,并分别标注刀号。

选择"主页"→"刀片"→"创建刀具"选项,打开"创建刀具"对话框,在"类型"下拉列表中选择 mill_contour 选项;在"刀具子类型"选项组中选择 mill 选项,在"名称"文本框中输入刀具名称。设置刀具对应直径、下半径、刀刃长度、刀具号等参数,单击"确定"按钮,如图7-8所示。

创建刀具

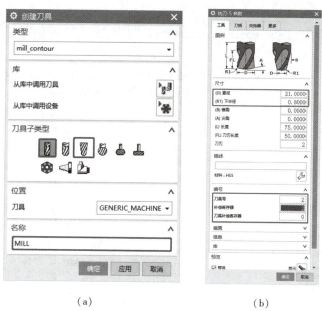

（a）　　　　　　　　　　　　（b）

图 7-8　轴承座零件正面加工创建刀具

（a）"创建刀具"对话框；（b）"铣刀-5 参数"对话框

5. 创建工序

轴承座零件正面加工工序见表 7-2。

表 7-2　轴承座零件正面加工工序

工序号	工序名称	操作步骤	操作视频
10	粗铣上表面	使用面铣 FACE_MILLING 策略粗铣上表面，"指定面边界"选择上表面外框，刀具选择 D63 立铣刀。"最终底面余量"设置为 0.2 mm，"主轴速度"设置为 600 r/min，切削进给率设置为 120 mm/min 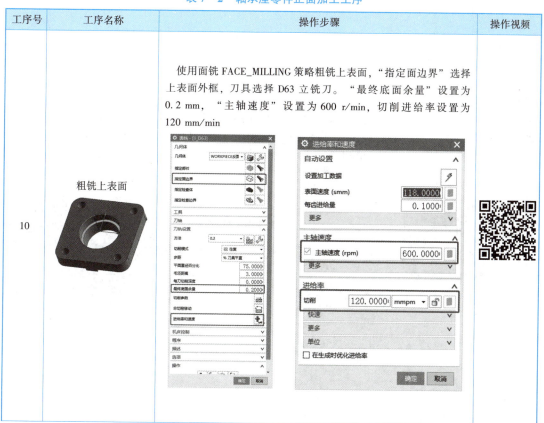	

项目七　轴承座零件编程与加工

工序号	工序名称	操作步骤	操作视频
20	精铣上表面	复制工序 10 粗铣上表面策略，"最终底面余量"设置为 0 mm	
30	粗铣内腔	使用型腔铣 CAVITY_MIL 策略进行内型腔的铣削，刀具选择 D16 立铣刀，"最大距离"设置为 0.5 mm，在"切削参数"对话框中，"部件侧面余量"设置为 0.2 mm，切削进给率设置为 1 500 mm/min，"主轴速度"设置为 3 000 r/min	

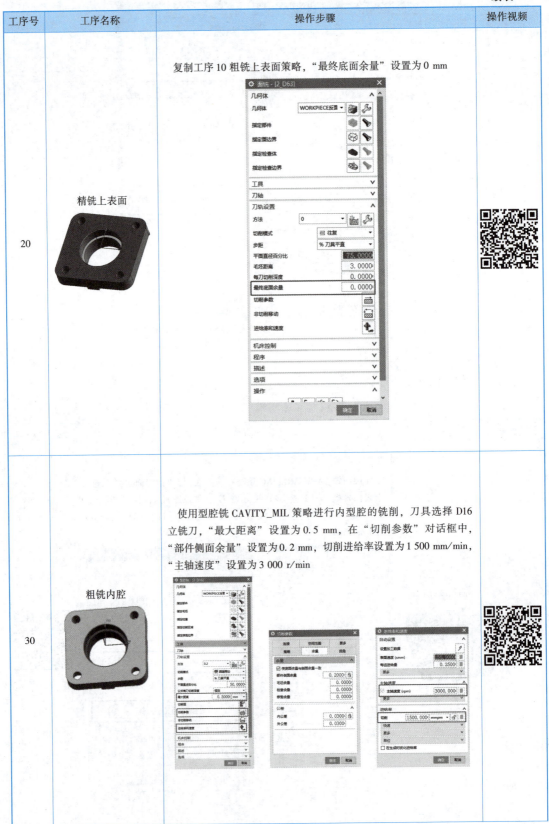

续表

工序号	工序名称	操作步骤	操作视频
40	粗铣零件外轮廓侧壁	使用平面铣 PLANAR_MILL 策略进行外轮廓铣削，选择 D16 立铣刀作为加工刀具，指定切削区域选择红色部分，选择底面为最低的筋表面。"切削深度"设置为恒定 0.5 mm，或者将"最终底面余量"设置为 0.2 mm。"主轴速度"设置为 3 000 r/min，切削进给率设置为 1 500 mm/min	
50	精铣中间 ϕ37 mm、ϕ42 mm 孔壁	使用精铣壁 FINISH_WALLS 策略，选择红色区域为切削区域，底面选择台阶孔的台阶面，然后选择 D12 立铣刀。"切削深度"设置为"仅底面"。确定进给率和速度，"主轴速度"设置为 3 000 r/min，切削进给率设置为 1 000 mm/min	

续表

工序号	工序名称	操作步骤	操作视频
60	精铣零件外轮廓侧壁	复制工序50精铣中间孔壁策略，调整指定边界及底面，调整切削深度为0.2 mm 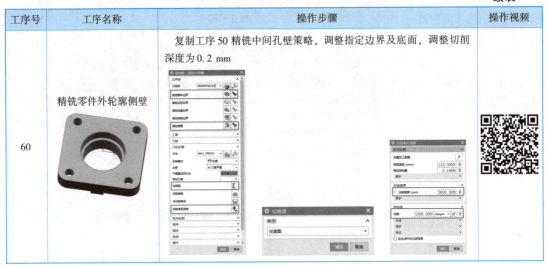	

6. 生成刀路轨迹并确认

轴承座零件正面加工刀路轨迹见表7-3。

表7-3 轴承座零件正面加工刀路轨迹

工序号	工序名称	操作步骤	刀轨确认	操作结果	动画演示（演示刀具切削过程）
10	粗铣上表面	选择对应的工序并选择"确认刀轨"选项，观看相关动画，并仔细观察是否有未加工或过切位置 		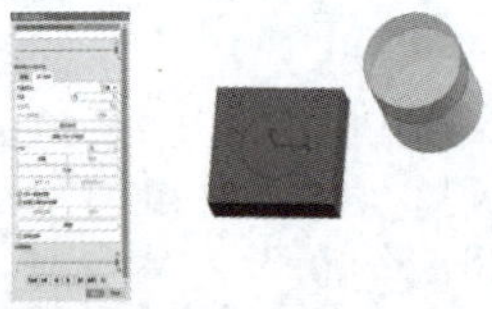	
20	精铣上表面			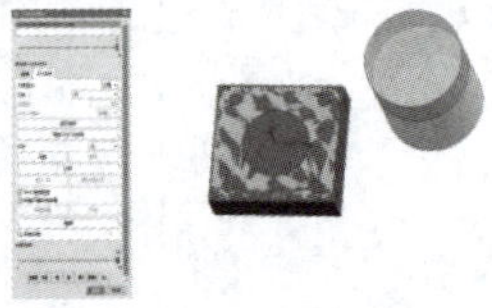	
30	粗铣内腔			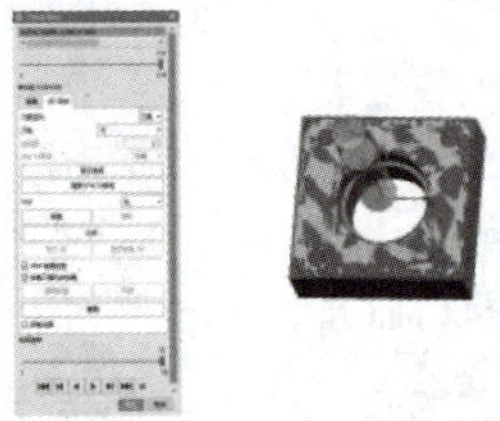	
40	粗铣零件外轮廓侧壁		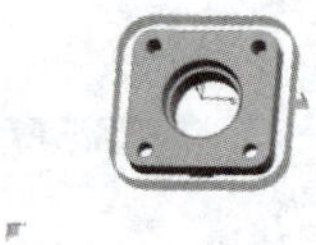	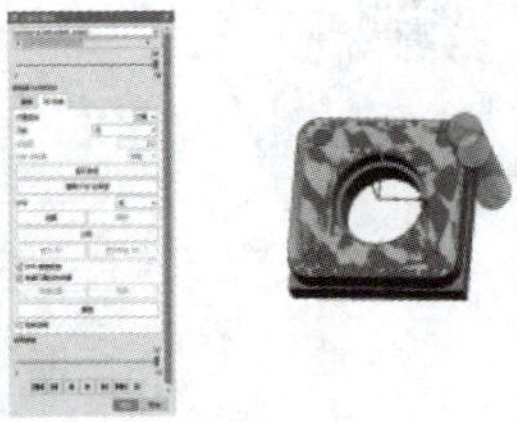	

续表

工序号	工序名称	操作步骤	刀轨确认	操作结果	动画演示（演示刀具切削过程）
50	精铣中间 φ37 mm、φ42 mm 孔壁				
60	精铣零件外轮廓侧壁				

7. 生成后处理文件

选择需要的程序，如果是加工中心，可以选择一次性装夹所有工序，生成后处理文件。选择"主页"→"工序"→"后处理"选项，打开"后处理"对话框，在"后处理器"列表中选择 MILL_3_AXIS 选项。选择需要保存的位置后单击"确定"按钮，如图 7-9 所示。

生成后处理文件

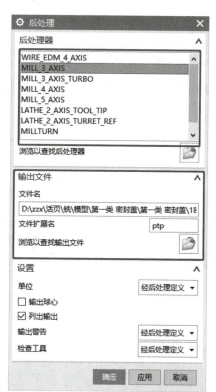

图 7-9 轴承座零件正面加工生成后处理文件

轴承座零件反面加工程序创建步骤

1. 创建坐标系

选择"创建几何体"→"创建坐标系 MCS"选项，打开 MCS 对话框，设置加工坐标原点。选取零件上表面，并把 Z 轴旋转 180°，或者复制正面的坐标系并把 Z 轴旋转 180°，如图 7-10 所示。

反面加工
创建坐标系

图 7-10　轴承座零件反面加工创建坐标系

2. 创建几何体

指定部件、毛坯，如图 7-11 所示（上表面余量为 0.7 mm，为了去除表面氧化层；下表面余量为 14.3 mm，作为装夹使用；其余各表面余量为 5 mm）。

图 7-11　轴承座零件反面加工创建几何体

3. 创建工序

轴承座零件反面加工工序见表 7-4。

表7-4 轴承座零件反面加工工序

工序号	工序名称	操作步骤	操作视频
70	粗铣上表面	使用面铣FACE_MILLING策略粗铣上表面,"指定面边界"选择上表面外框,刀具选择D63立铣刀。"最终底面余量"设置为0.2 mm,主轴速度设置为600 r/min,切削进给率设置为120 mm/min	
80	精铣上表面	按照工序卡,调整切削参数,"最终底面余量"设置为0 mm	

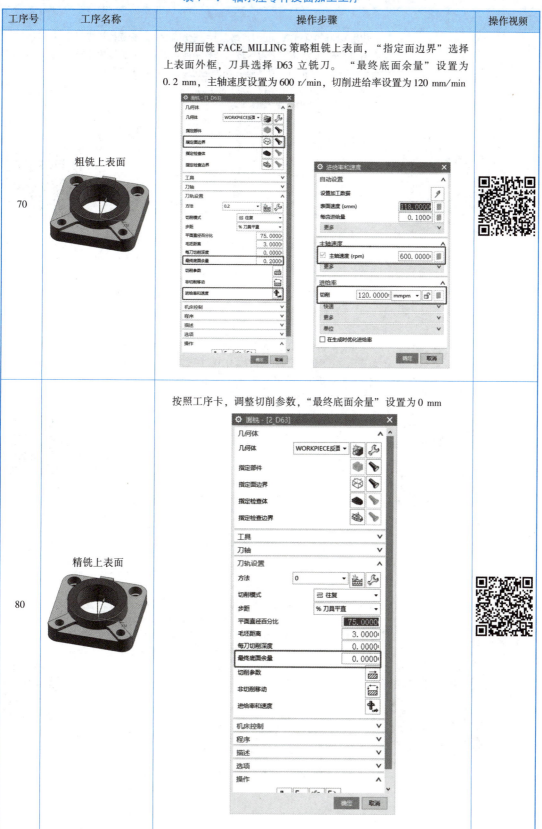

项目七 轴承座零件编程与加工

续表

工序号	工序名称	操作步骤	操作视频
90	对整体轮廓开粗 	使用型腔铣 CAVITY_MILL 策略，不指定切削区域，让软件计算所有能切削的面，"指定修剪区域"选择中间最大的通孔，让软件知道这个地方不用铣削。刀具选用 D12 立铣刀，"主轴速度"设置为 3 000 r/min，切削进给率设置为 1 500 mm/min  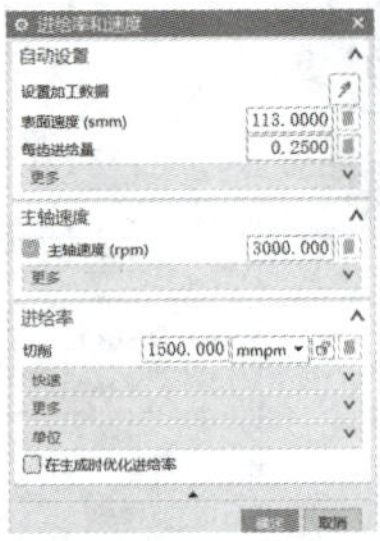	
100	精铣中间 ϕ54 mm 圆柱侧壁 	使用精铣壁 FINISH_WALLS 策略，选择红色区域为切削区域，底面选择台阶孔的台阶面，然后选择 D8 立铣刀。"切削深度"设置为"仅底面"，确定进给率和速度。"主轴速度"设置为 3 500 r/min，切削进给率设置为 1 000 mm/min   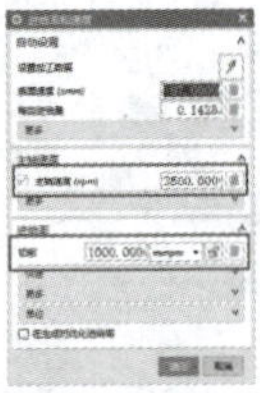	
110	精铣底面及临界面 	使用精铣壁 FINISH_WALLS 策略，选择红色区域为切削区域，底面选择最低的平面，然后选择 D8 立铣刀。"切削深度"设置为"仅底面"，"最终底面余量"和"每刀切削深度"调整为 1 mm。"主轴速度"设置为 3 500 r/min，切削进给率设置为 1 000 mm/min  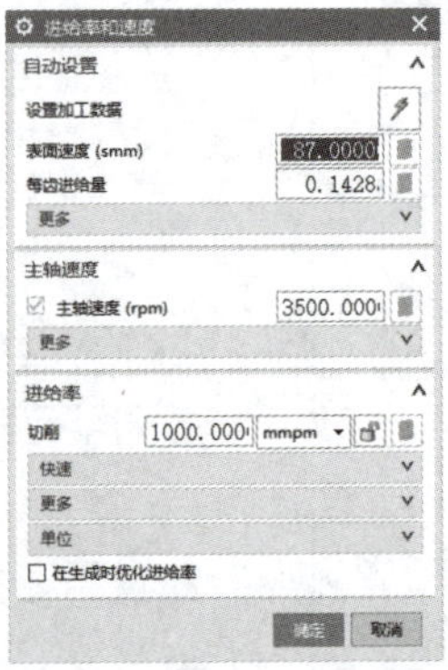	

续表

工序号	工序名称	操作步骤	操作视频
120	钻4个φ8 mm通孔	使用钻孔DRILLING策略，4个孔的中心、顶面和底面调整成为无，然后选择Z8钻头。"主轴速度"设置为1 200 r/min，切削进给率设置为80 mm/min	
130	粗、精铣2个深度为8 mm的φ12 mm沉头孔	使用铣孔HOLE_MILLING策略铣台阶孔，"指定特征几何体"选择2个台阶孔的中心，调整切削参数和下刀量。"主轴速度"设置为3 000 r/min，切削进给率设置为1 000 mm/min	

4. 生成刀路轨迹并确认

轴承座零件反面加工刀路轨迹见表7-5。

表7-5 轴承座零件反面加工刀路轨迹

工序号	工序名称	操作步骤	刀轨确认	操作结果	动画演示（演示刀具切削过程）
70	粗铣上表面	选择对应的工序并选择"确认刀轨"选项，观看相关动画，并仔细观察是否有未加工或过切位置	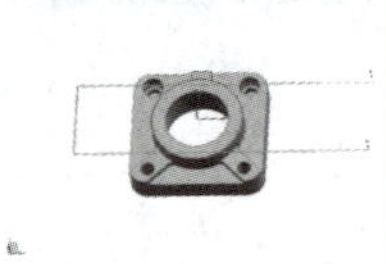	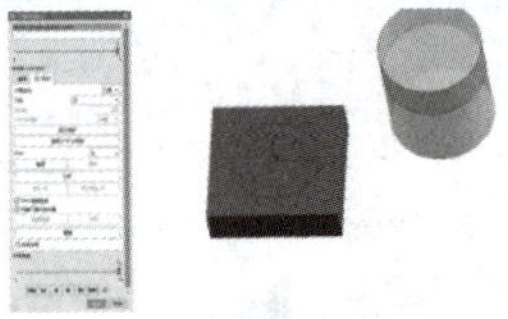	
80	精铣上表面			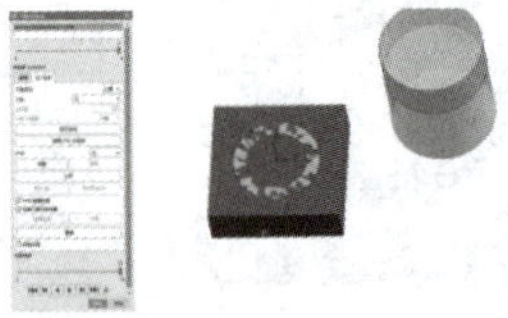	
90	对整体轮廓开粗			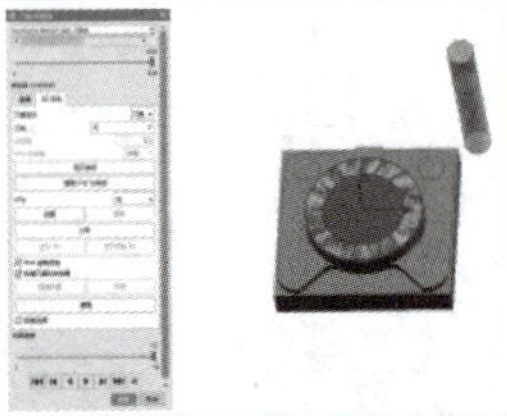	
100	精铣中间 $\phi 54$ mm 圆柱侧壁			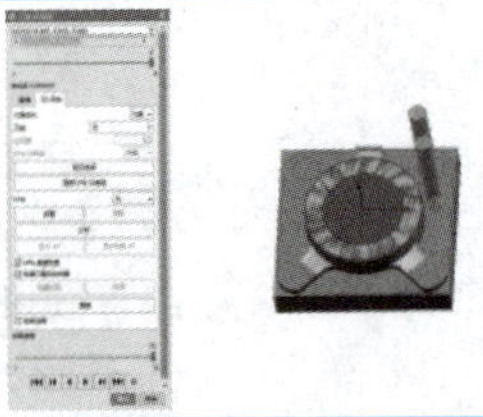	
110	精铣底面及临界面		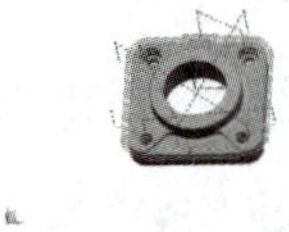	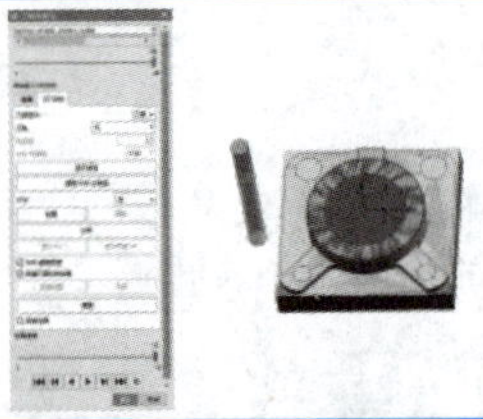	
120	钻4个 $\phi 8$ mm 孔			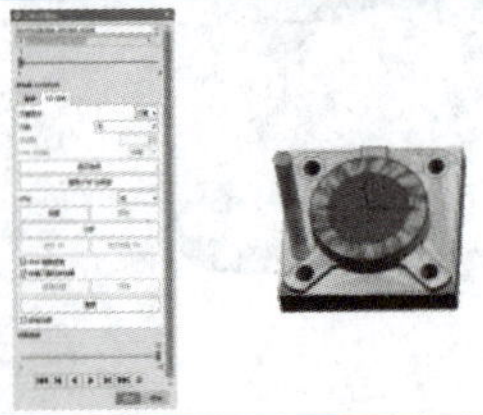	
130	粗、精铣12个深度为8 mm的 $\phi 12$ mm 沉头孔			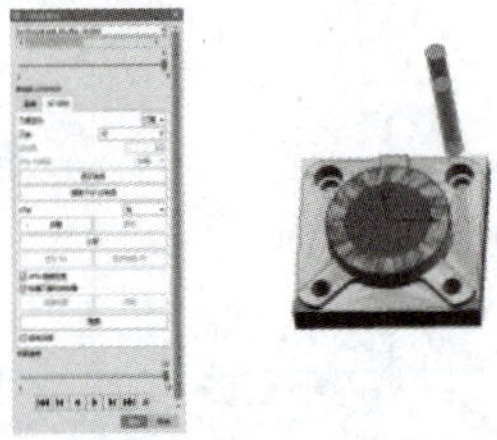	

5. 生成后处理文件

选择需要的程序，如果是加工中心，可以选择一次性装夹所有工序，生成后处理文件。选择"主页"→"工序"→"后处理"选项，打开"后处理"对话框，在"后处理器"列表中选择 MILL_3_AXIS 选项。选择需要保存的位置后单击"确定"按钮，如图 7-12 所示。

生成反面后处理文件

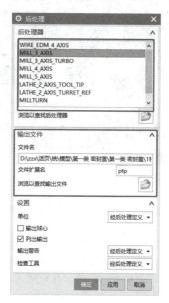

图 7-12 轴承座零件反面加工生成后处理文件

步骤五 模拟仿真实践

程序编制完成后，利用仿真软件对轴承座零件进行仿真加工操作，见表 7-6。

表 7-6 轴承座零件仿真加工操作

操作名称	操作步骤	视频演示
打开项目	打开软件，选择"打开项目"选项，选择设置好参数的机床。为方便观察与操作，选择双屏	

项目七 轴承座零件编程与加工

续表

操作名称	操作步骤	视频演示
设置毛料	单击"模型"按钮,在"毛坯类型"选项中,选择"立方块"选项,并设置毛坯长宽高分别为 80,76,25 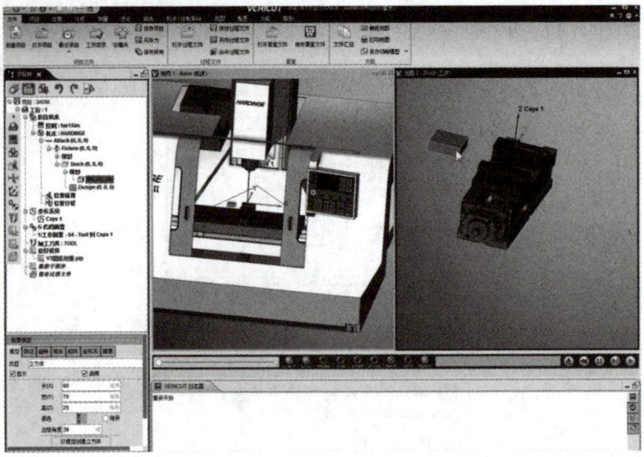	
装夹毛料	在工件视图中选择"虎钳口"选项,在配置模型中选择"移动"选项,设置为 5 mm 移动,并移动到合适位置。其中 3 个 0 分别代表 X、Y、Z 三轴的移动距离。选择"虎钳"选项,在配置模型中选择"组合"→"配对右边箭头"→"毛料与虎钳口"选项,需要注意的是,想让虎钳口在配对中移动,就选择"虎钳口"→"配对"选项;如果想让毛料移动,就选择"毛料"→"虎钳口"选项。最后需要调整毛料的 X 向、Z 向 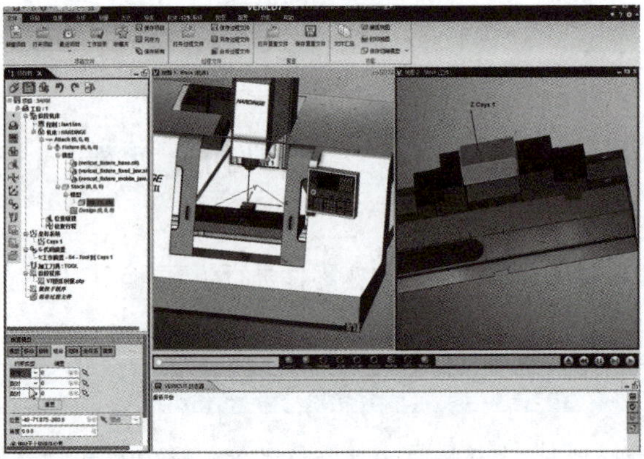	
设置坐标系	选择坐标系统 Csys1,将坐标系原点设在零件上表面中心位置 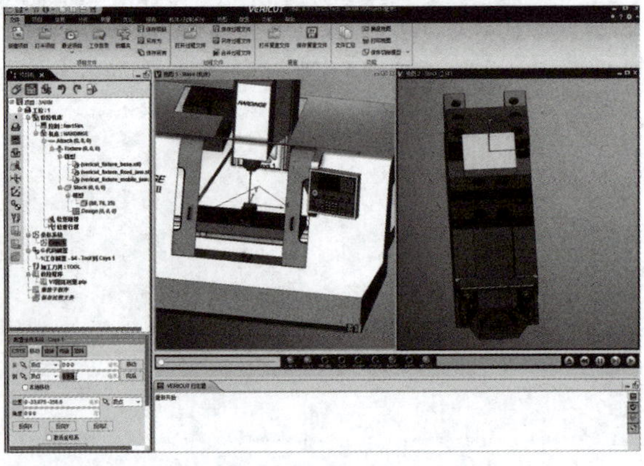	

续表

操作名称	操作步骤	视频演示
设置加工刀具	双击加工刀具，先选择需要创建的刀具类型，在"刀具数据"对话框中调整对应的刀长、刃长、直径、露出长度等参数，再根据实际情况设置刀柄直径，依次创建5把刀具 T1D63，T2D16，T3D12，T4D8，T5Z8 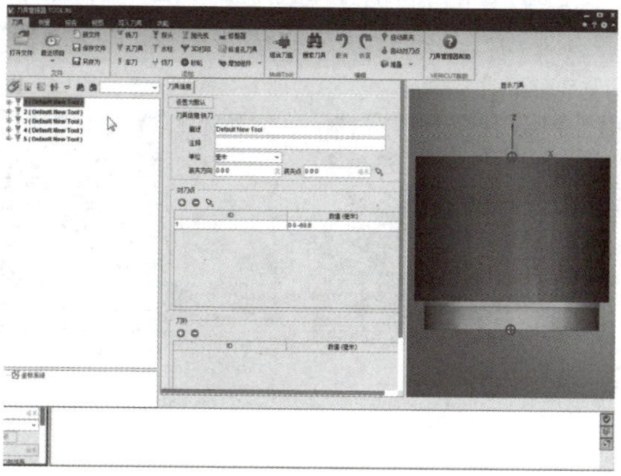	
添加数控程序	右击"数控程序"选项，在弹出的菜单中选择"添加数控程序"选项，或者右击已有程序，在弹出的菜单中选择"代替"选项。根据UG软件生成的NC代码添加对应程序。右击添加的程序，在弹出的菜单中选择"启用"选项，被启用的程序，就是本次进行仿真的程序 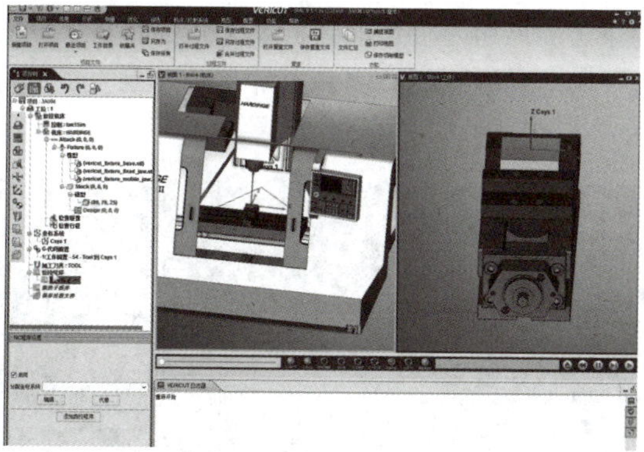	
仿真模拟	选择需要模拟的程序，单击 ▶ 按钮，软件就会进行仿真模拟加工。根据需要调整播放速度 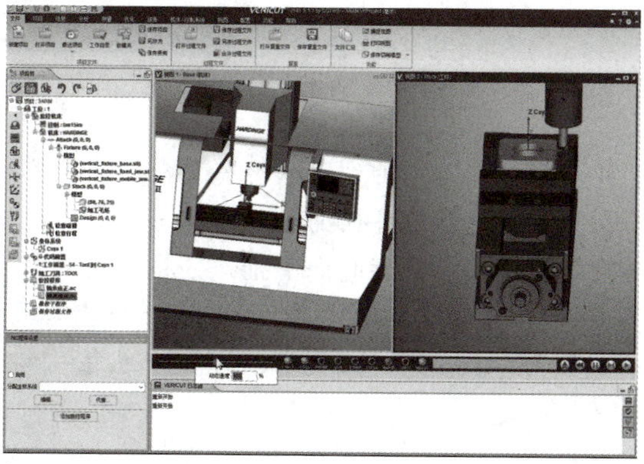	

项目七　轴承座零件编程与加工　155

续表

操作名称	操作步骤	视频演示
翻面仿真模拟	复制工件,单击空白位置,右击,在弹出的菜单中选择"粘贴"选项;单击机床,选择毛料选项,单击 ▶ 按钮。调整刀反面模拟状态;选择配置模型中的选项,选择旋转中心为工件坐标系原点,增量设置为180,选择 X 轴进行旋转;调整虎钳位置,夹紧零件;调整坐标系位置,启用对应程序,单击 ▶ 按钮,进行翻面后的仿真模拟	

步骤六　完成零件加工

1. 工件安装

将垫铁置于零件毛坯下方,并将零件装夹到机床工作台的精密虎钳上,用手锤敲击零件表面,使其底面与垫铁、虎钳贴实并夹紧,保证零件露出高度不小于 20 mm,如图 7 – 13 所示。

轴承座实操加工及检测

图 7 – 13　轴承座零件加工工件安装

2. 刀具安装

把刀具安装到刀柄上并锁紧,移动主轴到安全位置,根据需要实行自动换刀,把对应刀具换到主轴上。左手握住刀柄,右手食指按住换刀开关,卸下刀具;更换为新刀具后,再次按住换刀开关,把新刀具的凹槽对准主轴上的突起向上推送,将刀具安装在主轴上。松开按住换刀开关的右手,再缓慢松开左手,并转动主轴观察刀具是否安装牢固,然后将 φ63 mm 盘刀、φ16 mm 立铣刀、φ12 mm 立铣刀、φ8 mm 立铣刀、φ8 mm 钻头依次装入指定刀位,如图 7 – 14 所示。

图 7-14 轴承座零件加工刀具安装

3. 对刀

试切法对刀,如图 7-15 所示。

(1)分中对刀法。利用刀具对零件左右两侧进行试切,记录两侧切削位置的坐标值,两侧坐标值相加除以 2 后就是零件中心坐标。采用试切法对刀完成 X、Y 两个方向对刀。

(2)刀具切削零件上表面,当刚刚出现飞屑时,记录 Z 坐标值。在刀偏表内设置 Z 向刀具高度,完成 Z 向对刀。

图 7-15 轴承座零件加工对刀

4. 自动加工

将刀具移动到安全位置,选择对应的程序,将机床调整到自动状态,单击"循环启动"按钮,直至加工结束,如图 7-16 所示。

图 7-16 轴承座零件自动加工

5. 尺寸检测

按图纸要求，利用游标卡尺和千分尺检测零件右侧外径、长度及倒角尺寸，如图 7 – 17 所示。

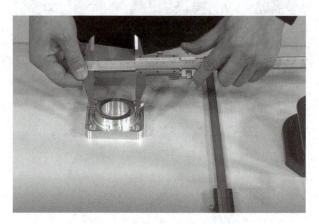

图 7 – 17　轴承座零件加工尺寸检测

步 骤 七　零件精度检测与评价

1. 职业素质考核

职业素质考核评价标准见表 7 – 7。

表 7 – 7　职业素质考核评价标准

考核项目		考核内容	配分/分	扣分/分	得分/分
加工前准备	纪律	服从安排、清扫场地等。违反一项扣 1 分	2		
	安全生产	安全着装、按规程操作等。违反一项扣 1 分	2		
	职业规范	机床预热，按照标准进行设备点检。违反一项扣 1 分	4		
加工操作过程	打刀	每打一次刀扣 2 分	4		
	文明生产	工具、量具、刀具定置摆放，工作台面整洁等。违反一项扣 1 分	4		
	违规操作	用砂布、锉刀修饰，锐边没倒钝或倒钝尺寸太大等没按规定的操作行为，扣 1 ~ 2 分	4		
加工结束后设备保养	清洁、清扫	清理机床内部的铁屑，确保机床表面各位置的整洁，清扫机床周围的卫生，做好设备的保养。违反一项扣 1 分	4		
	整理、整顿	工具、量具的整理与定置管理。违反一项扣 1 分	2		
	素养	严格执行设备的日常点检工作。违反一项扣 1 分	4		
出现撞机床或工伤		出现撞机床或工伤事故整个测评成绩记 0 分			
合计			30		

2. 评分标准及检测报告

评分标准及检测报告见表 7 – 8。

表 7-8 评分标准及检测报告

序号	检测项目	检测内容	检测要求	配分/分	学员自测尺寸	教师评价 检测结果	得分/分
1	外轮廓	(78±0.03) mm	超差不得分	5			
2		(74±0.05) mm	超差不得分	5			
3		$R10$ mm	超差不得分	2			
4		(23±0.05) mm	超差不得分	5			
5		(56.57±0.05) mm	超差不得分	2			
6	圆形腔	$\phi 42^{+0.02}_{0}$ mm	超差不得分	10			
7		$\phi 37^{+0.02}_{0}$ mm	超差不得分	10			
8		$9^{+0.03}_{0}$ mm	超差不得分	5			
9		$Ra\ 1.6\ \mu m$	超差不得分	5			
10	3个矩形凸台	(12±0.03) mm	超差不得分	5			
11		$15^{+0.05}_{0}$ mm	超差不得分	3			
12	中间圆柱尺寸	$\phi 54^{0}_{-0.02}$ mm	超差不得分	5			
13	孔	($\phi 12\pm 0.05$) mm	超差不得分	3			
14		(8±0.05) mm	超差不得分	3			
15		$\phi 8$ mm	超差不得分	2			
	合计			70			

3. 在线答题

扫描下方二维码进行答题。

课前小故事

1. 名言警句

很多人认为工匠精神意味着机械重复的工作模式,其实工匠精神有着更深远的意思。它代表一个企业的气质,耐心、专注、坚持、严谨、一丝不苟、精益求精等一系列优异的品质。

2. 故事背景

从学徒工到如今高级技师,从信念执着的青年到胸怀壮志的工匠,张超在普通岗位上,用精湛技艺点亮了不平凡的青春。

3. 故事内容

2000 年,张超考入西安航空职业技术学院数控机床加工技术专业,凭着对数控技术的兴趣与热情,在校期间获得省级数学建模和数控技能大赛奖项。

2005 年,张超(见图 8-1)初到陕西法士特汽车传动集团有限责任公司壳体车间,从事加工中心操作,幸运地师从数控技术大拿黄万长老师,业务技能得到飞速进步。实习期间,张超所在的车间从韩国进口了一台加工中心,黄万长老师不顾他人反对把贵重设备交给张超调试。得到老师的信任,调试任务顺利完成,让张超意识到要抓住每一次机遇,接受更多挑战。

图 8-1 张超调试机床

在某产品试制过程中,为了及时完成任务,张超吃住在单位,每天只休息四五个小时。经过调试,张超发现利用 CAM 自动编程软件,对产品进行提前编程和模拟加工,既可以提前检验程序及加工过程中的相关问题,又可以节省机床调试时间、提高设备利用效率。在试制车间的第二年,张超利用宏程序对机床进行二次编码,只增加一把小刻刀,就实现了在生产过程中同步进行打标,极大地节省了生产时间和成本。

在一步步磨砺中,张超从一名小徒弟成为他人口中的"师傅"。过去的这些年,张超有很多个达不到标准的睡眠时间,有好几次产生想要放弃的一时冲动,有过委屈、辛酸,甚至偶尔怀疑自我,但现在回想起来,每一次挑战都令自己更加强大。

项目八 电机后盖零件编程与加工

步骤一 电机后盖零件编程与加工任务

项目名称

1. 项目描述

单件或小批量生产电机后盖零件,毛坯为 88 mm × 88 mm × 40 mm 的 6061 铝合金。

要求：设计数控加工工艺方案，编制机械加工工艺卡和数控铣刀具卡，并利用 UG NX 12.0 软件进行零件的程序编制。程序编写完成后进行加工仿真，确认程序无误后利用 VDM850B 数控加工中心加工出合格的零件，检验合格后入库。

2. 问题导向

（1）如何在机床上创建工件坐标系，如何设置刀具长度？

（2）加工电机后盖零件都用到了哪些刀具？

（3）在 UG NX 12.0 软件中，钻孔策略 hole_making 的切削参数如何设置？如何定义钻孔深度？

（4）在 Vericut 模拟仿真软件中，如何创建刀具？

项目准备

（1）每组一张零件图纸，如图 8-2 所示。

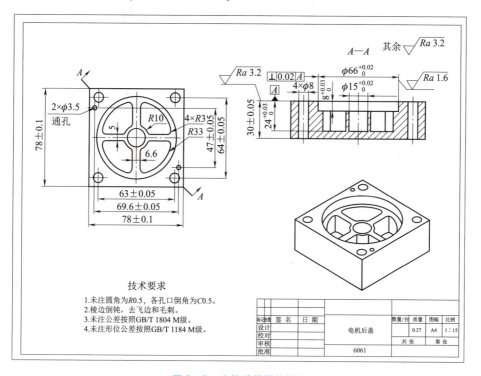

图 8-2 电机后盖零件图纸

（2）设备：FANUC 0i 数控系统 VDM850B 数控加工中心。

（3）刀具：φ63 mm 面铣刀、φ16 mm 立铣刀、φ10 mm 立铣刀、φ6 mm 立铣刀、φ3.5 mm 钻头、φ8 mm 钻头。

（4）量具：0~300 mm 深度尺、0~250 mm 游标卡尺。

（5）工具：平口钳扳手、内六角扳手、活动扳手、垫片、橡胶锤、卫生清洁工具。

（6）毛坯：88 mm×88 mm×40 mm 的 6061 铝合金。

项目目标

1. 知识目标

（1）掌握制订电机后盖零件加工工艺及工序的方法。

(2) 熟练掌握利用 UG NX 12.0 软件对电机后盖零件进行编程。

(3) 熟练掌握 UG NX 12.0 软件 hole_making 孔加工策略。

(4) 掌握 Vericut 仿真软件的操作流程。

2. 技能目标

(1) 能够熟练掌握 UG NX 12.0 软件编程工艺步骤的规划。

(2) 掌握 UG NX 12.0 软件 hole_making 孔加工策略用法及参数设置。

(3) 熟练掌握机床的基本操作流程。

3. 锻炼与培养目标

(1) 培养学生对机械加工的深层次认知,针对不同零件可以提出不同的解决方案。

(2) 培养学生发现问题并解决问题的能力。

(3) 培养学生使用量具对零件进行精准测量的能力。

步骤二　分析电机后盖零件图纸

数控加工的一般流程

数控加工的一般流程分为分析图纸;选择合适的加工设备并确认其配置;合理安排装夹方式,确定加工工艺路线;确认切削工具;编写加工程序,确认加工参数;零件首件试切。详细的流程同项目一步骤二。

技术要求分析

1. 毛坯性质

毛坯外形尺寸为 88 mm × 88 mm × 40 mm,材质为 6061 铝合金。

2. 尺寸公差

零件外形尺寸为 78 mm × 78 mm × 25 mm,需要保证长、宽为 (78 ± 0.1) mm,高为 (30 ± 0.05) mm。

正面需要加工的轮廓:(1) 圆形型腔:保证尺寸精度 $\phi 66^{+0.02}_{\ 0}$ mm,相对基准 A 的垂直公差为 $\phi 0.02$ mm,深度为 $8^{+0.03}_{\ 0}$ mm;(2) 扇形型腔:扇形外径为 R33 mm,扇形内径为 R10 mm,角度为 90°,深度为 $24^{+0.03}_{\ 0}$ mm,4 个型腔间隔 45°圆周阵列分布;(3) 中心圆形型腔:保证尺寸精度 $\phi 15^{+0.02}_{\ 0}$ mm,相对基准 A 的垂直公差为 $\phi 0.02$ mm,深度为 $24^{+0.03}_{\ 0}$ mm;(4) 钻 $\phi 3.5$ mm 孔,分布尺寸精度长 (47 ± 0.05) mm、宽 (69.6 ± 0.05) mm;钻 $\phi 8$ mm 孔,分布尺寸精度长 (63 ± 0.05) mm、宽 (64 ± 0.05) mm。

3. 表面粗糙度要求

(1) 零件侧表面粗糙度为 Ra 6.3 μm;(2) 零件孔壁粗糙度为 Ra 1.6 μm;(3) 其余表面质量为 Ra 3.2 μm。

制订加工路线

工序一:采用平口钳装夹。

(1) 使用 D63 面铣刀,采用粗铣—精铣的工艺方法加工零件上表面,保证零件厚度和表面粗糙度要求。

（2）使用 D16 立铣刀粗、精铣零件外轮廓，保证尺寸精度和表面粗糙度要求。

（3）使用 D10 立铣刀粗铣零件内腔，预留余量为 0.5 mm。

（4）使用 D6 立铣刀对零件内腔进行二次开粗，预留余量为 0.3 mm。

（5）使用 D6 立铣刀对零件内腔侧壁及表面精加工至零件尺寸，保证表面粗糙度要求。

（6）使用 Z3.5 钻头完成 ϕ3.5 mm 孔的钻削加工。

（7）使用 Z8 钻头完成 ϕ8 mm 孔的钻削加工。

工序二：采用平口钳装夹。

使用 D63 面铣刀，采用粗铣—精铣的工艺方法加工零件上表面，保证其表面粗糙度要求。

步骤三 制订电机后盖零件加工工艺卡

电机后盖零件加工工艺卡见表 8-1。

表 8-1 电机后盖零件加工工艺卡

机械加工工序卡片			零件图号		图 8-2	
			零件名称		电机后盖	
加工示意图		装夹图	车间	工序号	工序名称	材料牌号
		G54：X、Y 四面分中，毛坯顶面对刀为 Z1，露出高度不小于 30 mm	机加车间	10	数铣	6061
			毛坯尺寸		设备名称	
			88 mm×88 mm×40 mm		数控加工中心	
			第 1 页		共 2 页	

工序号	工序内容	加工策略	刀具	刀长/mm	主轴转速/(r·min^{-1})	进给量/(mm·min^{-1})	切削深度/mm	余量/mm	量具
10	粗铣零件上表面	平面轮廓铣	T1D63	10	600	120	0.8	0.2	游标卡尺
20	精铣零件上表面	平面轮廓铣	T1D63	10	1 000	200	0.2	0	游标卡尺
30	粗铣零件外轮廓	平面轮廓铣	T2D16	40	3 000	1 500	0.5	0.3	游标卡尺
40	精铣零件外轮廓	平面轮廓铣	T2D16	40	3 000	1 000	1	0	游标卡尺
50	粗铣零件内腔	型腔铣	T3D10	40	1 000	200	0.2	0.5	游标卡尺
60	零件内腔二次开粗	型腔铣	T4D6	30	1 500	150	0.2	0.3	游标卡尺
70	精铣内腔的侧壁及表面	底壁铣	T4D6	30	2 000	120	0.5	0	游标卡尺
80	钻 2 个 ϕ3.5 mm 孔	钻孔	T5Z3.5	30	500	80	0.5	0	游标卡尺
90	钻 4 个 ϕ8 mm 孔	钻孔	T6Z8	40	500	80	0.5	0	游标卡尺
编制		电话		审核			日期		

续表

机械加工工序卡片		零件图号		图 8-2	
		零件名称		电机后盖	
加工示意图	装夹图	车间	工序号	工序名称	材料牌号
		机加车间	20	数铣	6061
	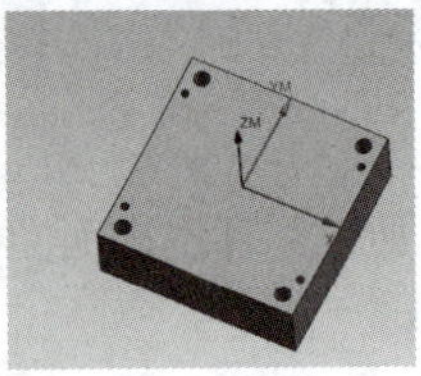 G54：X、Y 四面分中，毛坯顶面对刀为 Z0，露出高度不小于 10 mm	毛坯尺寸		设备名称	
		88 mm × 88 mm × 40 mm		数控加工中心	
		第 2 页		共 2 页	

工序号	工序内容	加工策略	刀具	刀长/mm	主轴转速/(r·min^{-1})	进给量/(mm·min^{-1})	切削深度/mm	余量/mm	量具
100	粗铣零件上表面	平面轮廓铣	T1D63	10	600	120	0.8	0.2	游标卡尺
110	精铣零件上表面	平面轮廓铣	T1D63	10	1 000	200	0.2	0	游标卡尺
编制		电话		审核			日期		

步骤四　创建电机后盖零件加工程序

知识链接

1. 工件坐标系确立原则

工件坐标系是编程人员在编程时使用的坐标系。编程人员选择工件上的某一已知点为原点（又称编程零点），建立一个新的坐标系，称为工件坐标系。工件坐标系一旦建立便一直有效，直到被新的工件坐标系取代。工件坐标系原点的确定一般通过对刀实现。设置工件坐标系原点的一般原则如下。

（1）工件坐标系原点选在工件图样的尺寸基准上，这样可以直接用图样标注的尺寸作为编程点的坐标值，以减少计算工作量和错误。

（2）工件坐标系原点的设置位置能使工件方便装夹、测量和检验。

（3）工件坐标系原点尽量选在尺寸精度较高、表面粗糙度比较小的工件表面上，以提高加工精度并保证同一批零件的一致性。

（4）对称零件或以同心圆为主的零件，工件原点应选在对称中心线或圆心上。工件坐标系原点通常设置在工件内外轮廓的某一个角上。

（5）Z 轴的编程零点通常选在工件的上表面。

（6）对于形状复杂的零件，需要编制几个程序或子程序。为了编程方便和减少坐标值的计算，编程零点不一定设在工件坐标系原点上，而设在便于程序编制的位置。

2. 确定电机后盖工件坐标系

正面加工时以毛坯上表面中心为坐标原点，如图 8-3（a）所示。

反面加工时以毛坯上表面中心为坐标原点,如图 8-3(b)所示。

图 8-3 确定电机后盖零件工件坐标系

(a)正面加工时工件坐标系;(b)反面加工时工件坐标系

3. UG NX 12.0 软件钻孔

创建工序流程,如图 8-4 所示。

图 8-4 电机后盖零件加工创建工序流程

(a)"创建工序"对话框;(b)"轮廓 3D"对话框;(c)"部件边界"对话框;
(d)"切削参数"对话框;(e)"进给率和速度"对话框

　　钻孔加工的刀具运动由三部分组成:首先刀具快速定位在加工位置上,然后切入零件,最后完成切削后退回。每个部分可以定义不同的运动方式,因而就有不同的钻孔指令,包括 G71~G89 的各个固定循环指令。钻孔加工几何体的设置与铣削加工的几何体是完全不同的。钻孔加工需要确定孔中心的位置及其起始位置与终止位置,其选择包括几何体组与孔、加工表面和加工底面的选择,其中孔是必须选择的,而加工表面和加工底面则是可选项。

　　(1)单击"创建工序"按钮,打开"创建工序"对话框,在"类型"下拉列表中选择 hole_making 选项;在"工序子类型"选项组中选择"钻孔"选项,调整刀具、几何体,并对工序命名,如图 8-4(a)所示。

　　(2)打开"钻孔"对话框,单击"指定孔"按钮,选择点,指定孔中心位置。可以通过多种方法选择点。选择钻孔点时可以直接在图形上选择,可选择圆柱孔、圆锥形孔、圆弧或点作为加工位置。此时可以直接在图形上选择孔、圆弧或点作为钻孔点,完成选择后单击"确定"按钮退出,在孔位处将显示序号。

　　(3)选择"循环类型"→"循环方式"→"啄钻"选项,再单击右侧扳手按钮,可以调整参数。

　　(4)在"刀轴"选项组的"轴"列表中选择"+ZM 轴"选项。

　　(5)最小安全距离。在最小安全距离指定转换点,刀具由快速运动或进刀运动改变为切削速度运动,该值即指令代码中的 R_值。

　　(6)根据刀具直径选择切削参数,单击"进给率和速度"按钮,根据刀具直径,设置对应的刀具转速与进给率，设置完成后单击右侧计算器按钮，单击"确定"按钮，如图8-4（e）所示。

（7）在"钻孔"对话框中的"操作"选项组中单击"生成"按钮，生成刀轨。

电机后盖零件正面加工程序创建步骤

1. 进入UG NX 12.0软件的加工模块

选择"应用模块"→"加工"选项，打开"加工环境"对话框，在"CAM会话配置"列表中选择cam_general选项，在"要创建的CAM组装"列表中选择mill_planar选项，单击"确定"按钮，进入加工环境，如图8-5所示。

进入UG加工页面

图8-5 电机后盖零件正面加工模块

2. 创建坐标系

选择"创建几何体"→"创建坐标系MCS"选项，打开MCS对话框，设置加工坐标原点，选取零件上表面，如图8-6所示。安全平面是方便后续工序中抬刀可以设置到安全平面，快速移刀时会先移动到安全平面。如果有夹具，则需要注意安全平面高度。

创建坐标系

图8-6 电机后盖零件正面加工创建坐标系

3. 创建几何体

在"工件"对话框中单击"选择和编辑部件几何体"按钮,打开"部件几何体"对话框,选择待加工部件,单击"确定"按钮。

在"工件"对话框中单击"选择和编辑毛坯几何体"按钮,打开"毛坯几何体"对话框,在"类型"下拉列表中选择"包容块"选项,单边扩大 4 mm, Z 轴正方向增加 1 mm、负方向增加 5 mm,单击"确定"按钮,如图 8-7 所示(上、下表面保留 1 mm 余量,为了去除表面氧化层)。

创建几何体

图 8-7 电机后盖零件正面加工创建几何体

4. 创建刀具

创建 φ63 mm 面铣刀,φ16 mm、φ10 mm、φ6 mm 立铣刀,φ3.5 mm、φ8 mm 钻头,并分别标注刀号。

选择"主页"→"刀片"→"创建刀具"选项,打开"创建刀具"对话框,在"类型"下拉列表中选择 mill_contour 选项;在"刀具子类型"选项组中选择 mill 选项,在"名称"文本框中输入刀具名称。设置刀具对应直径、下半径、刀刃长度、刀具号等参数,单击"确定"按钮,如图 8-8 所示。

创建刀具

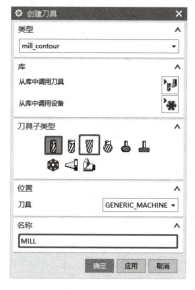

(a) (b)

图 8-8 电机后盖零件正面加工创建刀具

(a)"创建刀具"对话框;(b)"铣刀-5 参数"对话框

5. 创建工序

电机后盖零件正面加工工序见表8-2。

表8-2 电机后盖零件正面加工工序

工序号	工序名称	操作步骤	操作视频
10	粗铣零件上表面	使用平面轮廓铣PLANAR_MILL策略，指定面边界选择上表面外框，需要注意的是选择曲线和边命令，把上表面提升1 mm，底面选择零件上表面，并抬高0.2 mm，刀具选择D63面铣刀。"主轴速度"设置为600 r/min，切削进给率设置为120 mm/min	
20	精铣零件上表面	复制工序10粗铣零件上表面策略，调整底面为零件上表面。"主轴速度"设置为1 000 r/min，切削进给率设置为200 mm/min	
30	粗铣零件外轮廓	使用平面轮廓铣PLANAR_MILL策略，指定面边界选择上表面外框，需要注意的是选择忽略孔，底面选择零件底面，刀具选择D16立铣刀，"切削深度"设置为0.5 mm，"部件余量"设置为0.3 mm。"主轴速度"设置为3 000 r/min，切削进给率设置为1 500 mm/min	

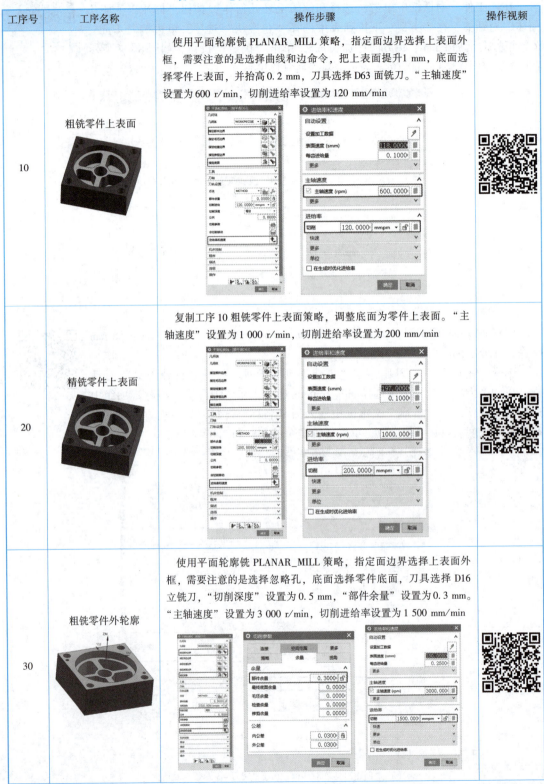

168 典型零件数控铣床加工技术——UG编程 Vericut仿真

续表

工序号	工序名称	操作步骤	操作视频
40	精铣零件外轮廓	复制工序 30 粗铣外轮廓策略，调整"余量"为 0 mm。"主轴速度"设置为 3 000 r/min，切削进给率设置为 1 000 mm/min	
50	粗铣零件内腔	使用型腔铣 CAVITY_MILL 策略粗铣零件内腔，刀具选择 D10 立铣刀，"指定切削区域"选择红色部分，"公共每刀切削深度"设置为"恒定"，"最大距离"设置为 0.2 mm。"主轴速度"设置为 1 000 r/min，切削进给率设置为 200 mm/min	
60	零件内腔二次开粗	使用深度轮廓铣 ZLEVEL_PROFILE 策略，刀具选择 D6 立铣刀，"指定面边界"选择红色区域，参考刀具为 D10 立铣刀，对零件内腔进行二次开粗。"主轴速度"设置为 1 500 r/min，切削进给率设置为 150 mm/min	

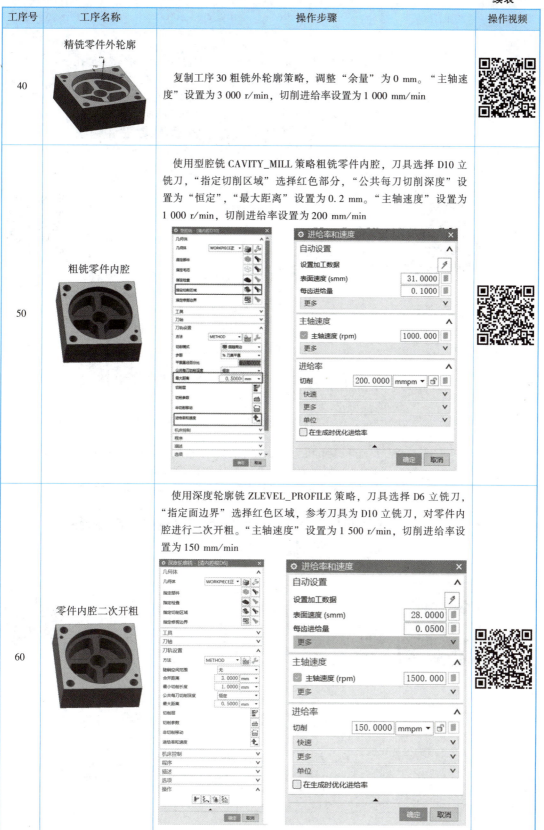

项目八 电机后盖零件编程与加工 169

续表

工序号	工序名称	操作步骤	操作视频
70	精铣内腔的侧壁及表面	使用底壁铣 FLOOR_WALL 策略,刀具选择 D6 立铣刀,精铣零件内腔的侧壁和底面。"指定切削区域"选择红色区域,"公共每刀切削深度"设置为"恒定","最大距离"设置为 0.5 mm。"主轴速度"设置为 2 000 r/min,切削进给率设置为 120 mm/min	
80	钻 2 个 φ3.5 mm 孔	使用啄钻 DRILL 策略,刀具选择 Z3.5 钻头,在啄钻对话框中指定特征几何体,选择零件小孔,单击小孔上端圆心即可。因为是通孔,所以可以指定底面,"主轴速度"设置为 500 r/min,切削进给率设置为 80 mm/min	

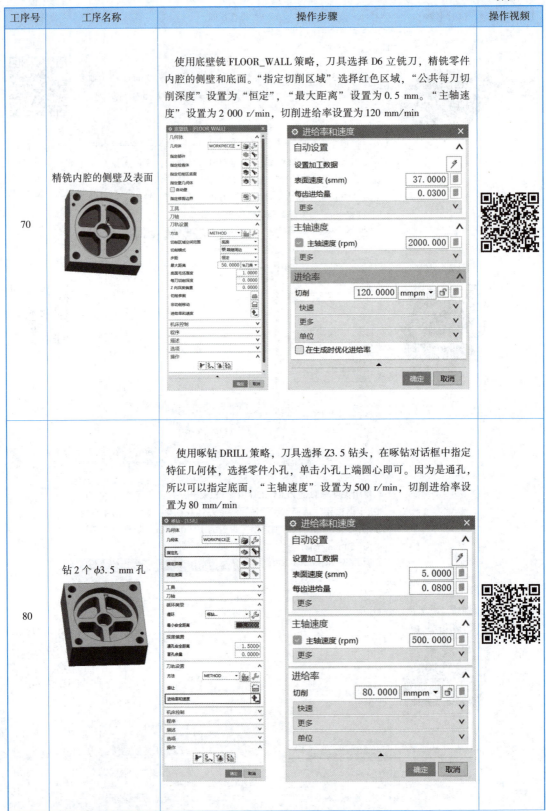

续表

工序号	工序名称	操作步骤	操作视频
90	钻4个φ8 mm孔	使用啄钻DRILL策略，刀具选择Z8钻头，在啄钻对话框中指定特征几何体，选择零件大孔，单击大孔上端圆心即可。因为是通孔，所以可以指定底面，"主轴速度"设置为500 r/min，切削进给率设置为80 mm/min 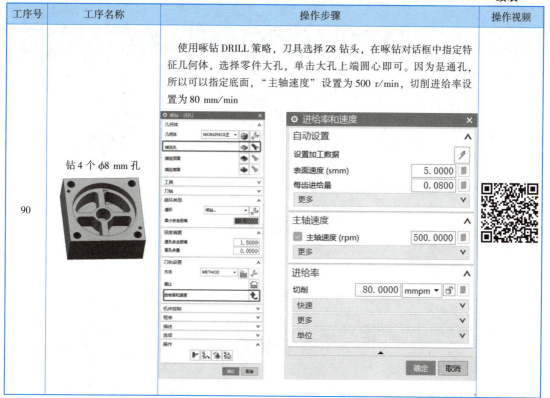	

6. 生成刀路轨迹并确认

电机后盖零件正面加工刀路轨迹见表8-3。

表8-3 电机后盖零件正面加工刀路轨迹

工序号	工序名称	操作步骤	刀轨确认	操作结果	动画演示（演示刀具切削过程）
10	粗铣零件上表面	选择对应的工序并选择"确认刀轨"选项，观看相关动画，并仔细观察是否有未加工或过切位置 		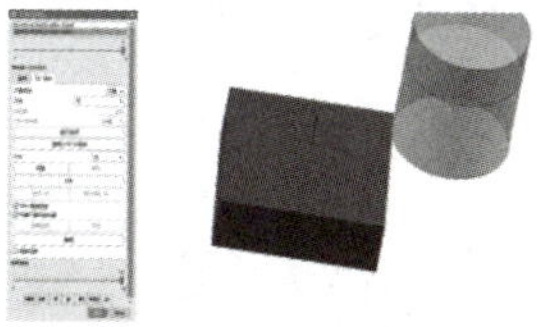	
20	精铣零件上表面				

项目八 电机后盖零件编程与加工 171

续表

工序号	工序名称	操作步骤	刀轨确认	操作结果	动画演示（演示刀具切削过程）
30	粗铣零件外轮廓		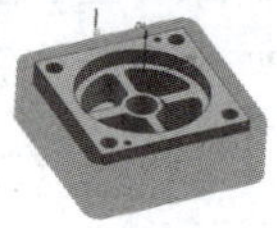	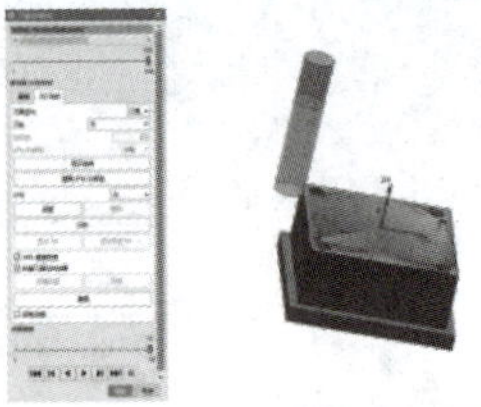	
40	精铣零件外轮廓		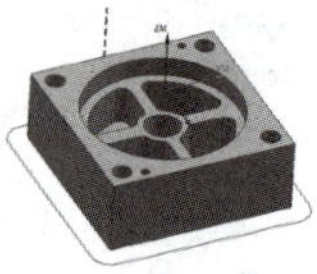	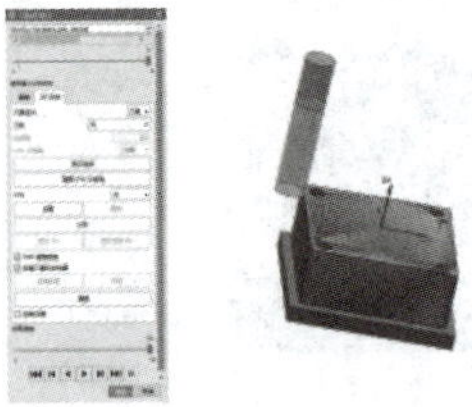	
50	粗铣零件内腔			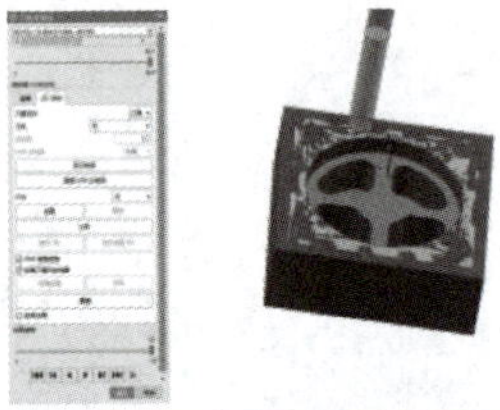	
60	零件内腔二次开粗			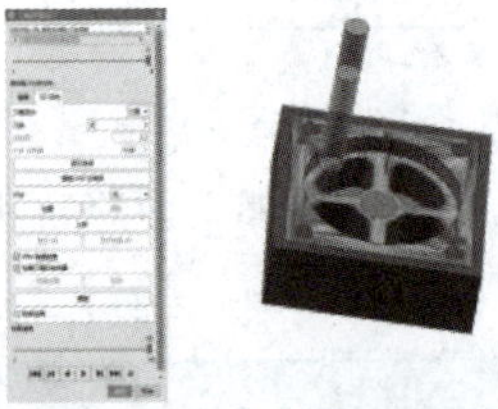	
70	精铣内腔的侧壁及表面			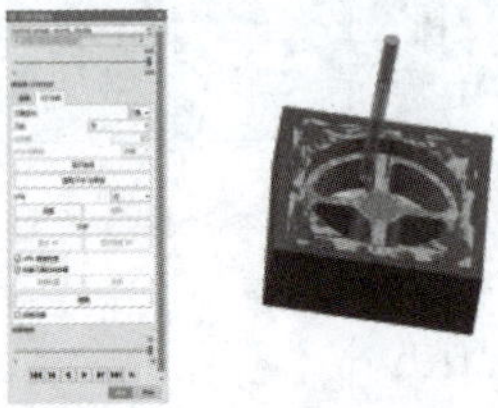	
80	钻2个φ3.5 mm孔			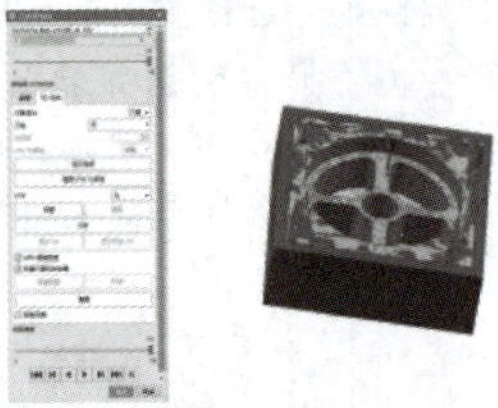	
90	钻4个φ8 mm孔			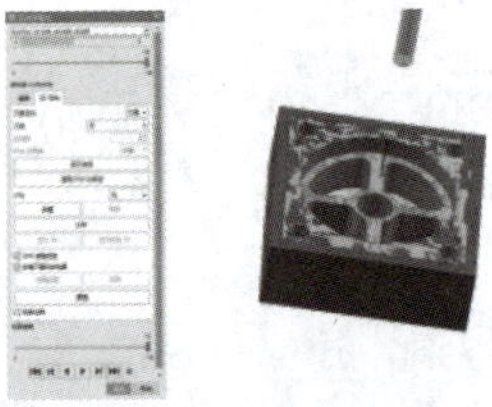	

7. 生成后处理文件

选择需要的程序,如果是加工中心,可以选择一次性装夹所有工序,生成后处理文件。选择"主页"→"工序"→"后处理"选项,打开"后处理"对话框,在"后处理器"列表中选择 MILL_3_AXIS 选项。选择需要保存的位置后单击"确定"按钮,如图 8-9 所示。

生成后处理文件

图 8-9 电机后盖零件正面加工生成后处理文件

电机后盖零件反面加工程序创建步骤

1. 创建坐标系

选择"创建几何体"→"创建坐标系 MCS"选项,打开 MCS 对话框,设置加工坐标原点。选取零件上表面,并把 Z 轴旋转 180°,或者复制正面的坐标系并把 Z 轴旋转 180°,如图 8-10 所示。

图 8-10 电机后盖零件反面加工创建坐标系

项目八 电机后盖零件编程与加工 173

2. 创建几何体

复制正面的几何体，如图 8-11 所示。

图 8-11　电机后盖零件反面加工创建几何体

3. 创建工序

电机后盖零件反面加工工序见表 8-4。

表 8-4　电机后盖零件反面加工工序

工序号	工序名称	操作步骤	操作视频
100	粗铣零件上表面	使用平面轮廓铣 PLANAR_MILL 策略，指定面边界为上表面外框，这里需要注意的是选择曲线和边命令，把上表面提升 1 mm，底面选择零件上顶面，并抬高 0.2 mm，刀具选择 T1D63 面铣刀。"主轴速度"设置为 600 r/min，切削进给率设置为 120 mm/min 	

174　典型零件数控铣床加工技术——UG 编程 Vericut 仿真

续表

工序号	工序名称	操作步骤	操作视频
110	精铣零件上表面	复制工序10粗铣零件上表面加工策略，调整底面为零件上顶面。"主轴速度"设置为1 000 r/min，切削进给率设置为200 mm/min 	

4. 生成刀路轨迹并确认

电机后盖零件反面加工刀路轨迹见表8-5。

表8-5 电机后盖零件反面加工刀路轨迹

工序号	工序名称	操作步骤	刀轨确认	操作结果	动画演示（演示刀具切削过程）
100	粗铣零件上表面	选择对应的工序并选择"确认刀轨"选项，观看相关动画，并仔细观察是否有未加工或过切位置			
110	精铣零件上表面				

项目八 电机后盖零件编程与加工 175

5. 生成后处理文件

选择需要的程序，如果是加工中心，可以选择一次性装夹所有工序，生成后处理文件。选择"主页"→"工序"→"后处理"选项，打开"后处理"对话框，在"后处理器"列表中选择 MILL_3_AXIS 选项。选择需要保存的位置后单击"确定"按钮，如图 8-12 所示。

生成后处理文件

图 8-12 电机后盖零件反面加工生成后处理文件

步骤五　模拟仿真实践

程序编制完成后，利用仿真软件对电机后盖进行仿真加工操作，见表 8-6。

表 8-6 电机后盖零件仿真加工操作

操作名称	操作步骤	视频演示
打开项目	打开软件，选择"打开项目"选项，选择设置好参数的机床。为方便观察与操作，选择双屏	

176　典型零件数控铣床加工技术——UG 编程 Vericut 仿真

续表

操作名称	操作步骤	视频演示
设置毛料	单击"模型"按钮，在"毛坯类型"选项中，选择"立方块"类型，并设置毛坯长宽高分别为88，88，40 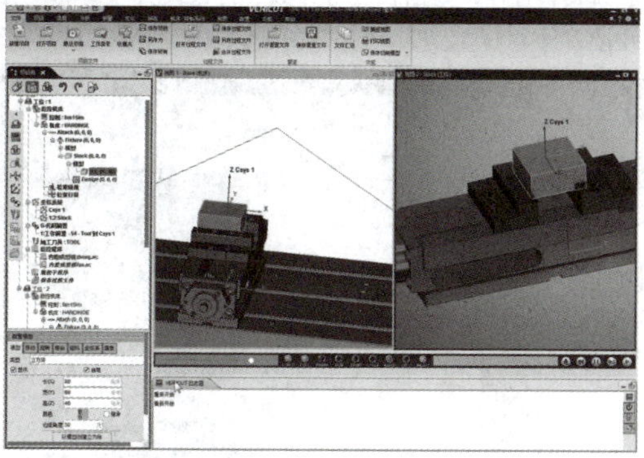	
装夹毛料	在工件视图中选择"虎钳口"选项，在配置模型中选择"移动"选项，设置为5 mm移动，并移动到合适位置。其中3个0分别代表X、Y、Z三轴的移动距离。选择"虎钳"选项，在配置模型中选择"组合"→"配对右边箭头"→"毛料与虎钳口"选项，需要注意的是，想让虎钳口在配对中移动，就选择"虎钳口"→"配对"选项；如果想让毛料移动，就选择"毛料"→"虎钳口"选项。最后需要调整毛料的X向、Z向 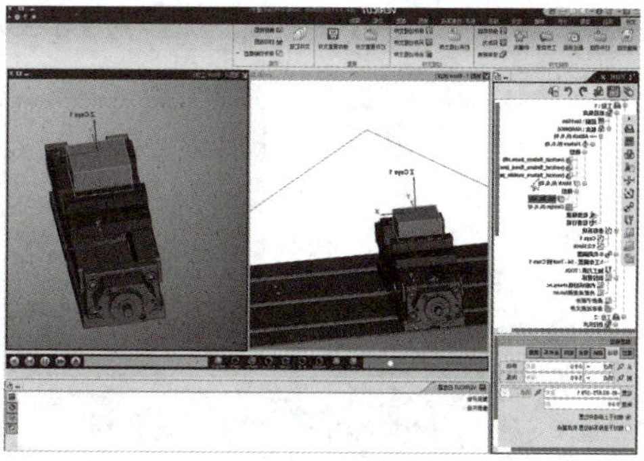	
设置坐标系	选择坐标系统Csys1，将坐标系原点设在零件上表面中心位置 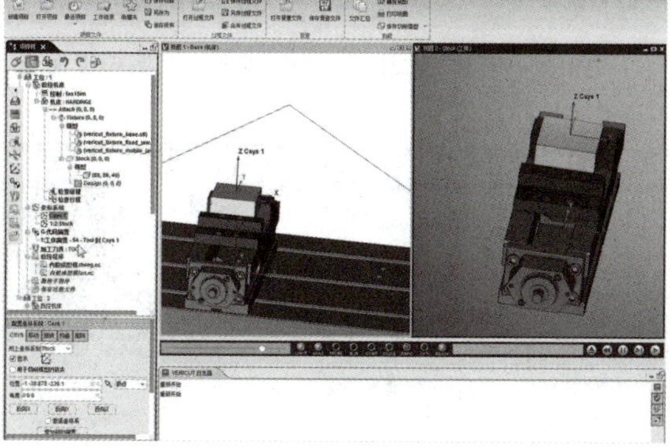	

项目八 电机后盖零件编程与加工

续表

操作名称	操作步骤	视频演示
设置加工刀具	双击加工刀具，先选择需要创建的刀具类型，在"刀具数据"对话框中调整对应的刀长、刃长、直径、露出长度等参数，再根据实际情况设置刀柄直径，依次创建6把刀具T1D63，T2D16，T3D10，T4D6，T5Z3.5，T6Z8 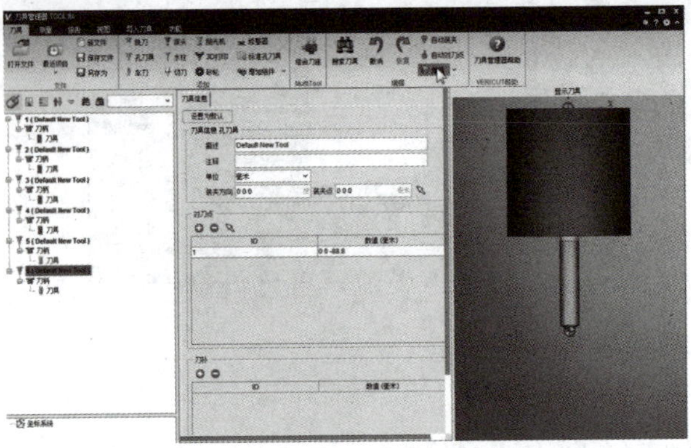	
添加数控程序	右击"数控程序"选项，在弹出的菜单中选择"添加数控程序"选项，或者右击已有程序，在弹出的菜单中选择"代替"选项。根据UG软件生成的NC代码添加对应程序。右击添加的程序，在弹出的菜单中选择"启用"选项，被启用的程序，就是本次进行仿真的程序 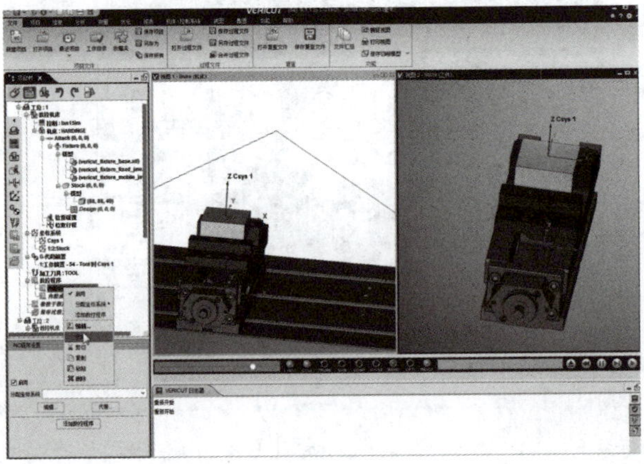	
仿真模拟	选择需要模拟的程序，单击 ▶ 按钮。软件就会进行仿真模拟加工。根据需要调整播放速度 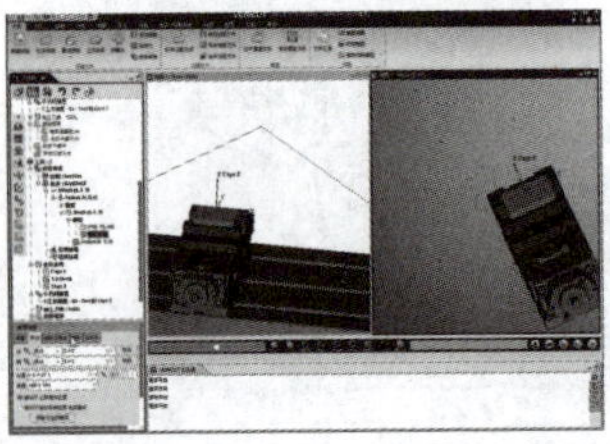 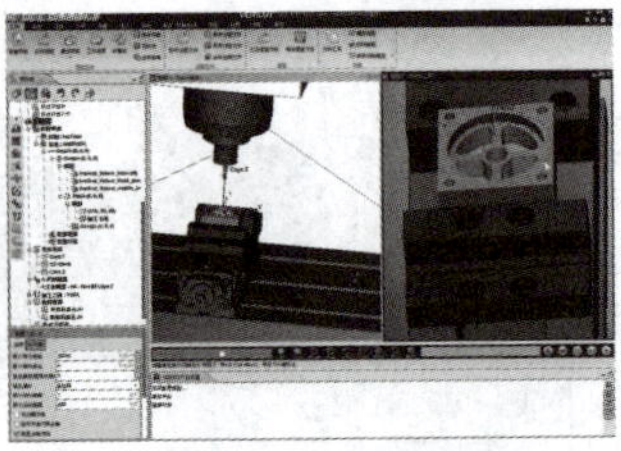	

操作名称	操作步骤	视频演示
翻面仿真模拟	复制工件，单击空白位置，右击，在弹出的菜单中选择"粘贴"选项；单击机床，选择毛料单击 ▶ 按钮。调整刀反面模拟状态；选择配置模型中的选项，选择旋转中心为工件坐标系原点，增量设置为180，选择 X 轴进行旋转；调整虎钳位置，夹紧零件；调整坐标系位置，启用对应程序，单击 ▶ 按钮，进行翻面后的仿真模拟	

步骤六　完成零件加工

1. 工件安装

将垫铁置于零件毛坯下方，并将零件装夹到机床工作台的精密虎钳上，用手锤敲击零件表面，使其底面与垫铁、虎钳贴实并夹紧，保证零件露出高度不小于32 mm，如图8-13所示。

图8-13　电机后盖零件加工工件安装

2. 刀具安装

把刀具安装到刀柄上并锁紧，移动主轴到安全位置，根据需要实行自动换刀，把对应刀具换到主轴上。左手握住刀柄，右手食指按住换刀开关，卸下刀具；更换为新刀具后，再次按住换刀开关，把新刀具的凹槽对准主轴上的突起向上推送，将刀具安装在主轴上。松开按住换刀开关的右手，再缓慢松开左手，并转动主轴观察刀具是否安装牢固，然后将 φ63 mm 面铣刀，

φ16 mm、φ10 mm、φ6 mm 立铣刀，φ3.5 mm、φ8 mm 钻头依次装入指定刀位，如图 8-14 所示。

图 8-14 电机后盖零件加工刀具安装

3. 对刀

试切法对刀。

（1）分中对刀法。利用刀具对零件左右两侧进行试切，记录两侧切削位置的坐标值，两侧坐标值相加除以 2 后就是零件中心坐标。采用试切法对刀完成 X、Y 两个方向对刀，如图 8-15（a）所示。

（2）刀具切削零件上表面，当刚刚出现飞屑时，记录 Z 值。在刀偏表内设置 Z 向刀具高度，完成 Z 向对刀，如图 8-15（b）所示。

(a)　　　　　　　　　　　　　(b)

图 8-15 电机后盖零件加工对刀

(a) X 向、Y 向对刀；(b) Z 向对刀

4. 自动加工

将刀具移动到安全位置，选择对应的程序，将机床调整到自动状态，单击"循环启动"按钮，直至加工结束，如图 8-16 所示。

图 8-16 电机后盖零件自动加工

5. 尺寸检测

按图纸要求，利用游标卡尺和千分尺检测零件右侧外径、长度及倒角尺寸，如图 8-17 所示。

实操及测量

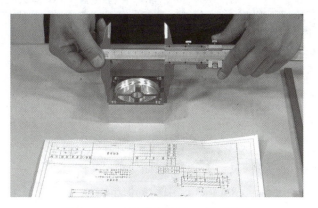

图 8-17 电机后盖零件加工尺寸检测

零件精度检测与评价

1. 职业素质考核

职业素质考核评价标准见表 8-7。

表 8-7 职业素质考核评价标准

考核项目		考核内容	配分/分	扣分/分	得分/分
加工前准备	纪律	服从安排、清扫场地等。违反一项扣 1 分	2		
	安全生产	安全着装、按规程操作等。违反一项扣 1 分	2		
	职业规范	机床预热，按照标准进行设备点检。违反一项扣 1 分	4		
加工操作过程	打刀	每打一次刀扣 2 分	4		
	文明生产	工具、量具、刀具定置摆放，工作台面整洁等。违反一项扣 1 分	4		
	违规操作	用砂布、锉刀修饰，锐边没倒钝或倒钝尺寸太大等没按规定的操作行为，扣 1~2 分	4		
加工结束后设备保养	清洁、清扫	清理机床内部的铁屑，确保机床表面各位置的整洁，清扫机床周围的卫生，做好设备的保养。违反一项扣 1 分	4		
	整理、整顿	工具、量具的整理与定置管理。违反一项扣 1 分	2		
	素养	严格执行设备的日常点检工作。违反一项扣 1 分	4		
出现撞机床或工伤		出现撞机床或工伤事故整个测评成绩记 0 分			
合计			30		

2. 评分标准及检测报告

评分标准及检测报告见表8-8。

表8-8 评分标准及检测报告

序号	检测项目	检测内容	检测要求	配分/分	学员自测尺寸	教师评价	
						检测结果	得分/分
1	轮廓尺寸	(30 ± 0.05) mm	超差不得分	5			
2		(78 ± 0.1) mm	超差不得分	5			
3	$\phi70$ mm 的圆形腔	$\phi66^{+0.02}_{0}$ mm	超差不得分	10			
4		$8^{+0.03}_{0}$ mm	超差不得分	10			
5	扇形型腔	$24^{+0.03}_{0}$ mm	超差不得分	10			
6		$R33$ mm	超差不得分	2			
7		$R10$ mm	超差不得分	2			
8	$\phi16$ mm 的圆形腔	$\phi15^{+0.02}_{0}$ mm	超差不得分	10			
9		$24^{+0.03}_{0}$ mm	超差不得分	5			
10	孔径	$\phi3.5$ mm	超差不得分	1.5			
11		$\phi8$ mm	超差不得分	1.5			
12	孔径分布	(47 ± 0.05) mm	超差不得分	2			
13		(69.6 ± 0.05) mm	超差不得分	2			
14		(63 ± 0.05) mm	超差不得分	2			
15		(64 ± 0.05) mm	超差不得分	2			
	合计			70			

3. 在线答题

扫描下方二维码进行答题。